塞罕坝

樟子松人工林经营技术

陈智卿　许中旗　房利民　于士涛◎主编

中国林业出版社
China Forestry Publishing House

图书在版编目（CIP）数据

塞罕坝樟子松人工林经营技术 / 陈智卿等主编. —北京：中国林业出版社，2022.3

ISBN 978-7-5219-1616-4

Ⅰ.①塞…　Ⅱ.①陈…　Ⅲ.①樟子松-人工林-森林经营-围场满族蒙古族自治县　Ⅳ.①S791.253

中国版本图书馆 CIP 数据核字（2022）第 048375 号

责任编辑：王越　李伟　　　　电话：（010）83143628　83143597

出版　中国林业出版社（100009　北京西城区刘海胡同 7 号）
　　　网址　http://www.forestry.gov.cn/lycb.html
发行　中国林业出版社
印刷　三河市双升印务有限公司
版次　2022 年 7 月第 1 版
印次　2022 年 7 月第 1 次
开本　710mm×1000mm　1/16
印张　7.5
字数　120 千字
定价　48.00 元

《塞罕坝樟子松人工林经营技术》
编 辑 委 员 会

前　　言

　　樟子松为常绿乔木，原生于我国黑龙江大兴安岭山地及海拉尔以西和以南地区。其树种特点为喜光、耐寒、耐旱、耐贫瘠，寿命长，生长快，根系发达，对不良气候环境抵抗力极强，是发挥防风固沙、保持水土、国土绿化等作用的优良植物。

　　基于樟子松的优良特点及塞罕坝部分林地的土壤特性，20世纪60年代初，塞罕坝机械林场创业者将其从内蒙古红花尔基引种到坝上地区，结合本地气候地理特点进行了育苗、造林、营林等一系列技术攻关，成功营建了18万亩樟子松人工林，现生长迅速，林分稳定，部分已经进入成熟利用期，其部分经营效果甚至超越了引种地表现，成为当地森林资源的重要组成部分，在维持京津地区生态安全方面发挥着重要作用。

　　21世纪以来，塞罕坝务林人坚持顺应自然、尊重科学、提质增效、开拓创新，深入开展森林经营技术研究与总结，特别注重与河北农业大学等单位的研发合作，取得了一系列成果，为塞罕坝森林的可持续经营奠定了坚实的基础。同时，由于塞罕坝林区的经营示范和影响，该树种也在三北地区被广泛借鉴、引种、推广应用，成为北方地区的重要造林树种。

　　在此背景下，深入研究该树种的自然环境、生态习性、生长规律，结合实践，总结系列经营技术，可以为提高樟子松人工林栽培区的经营水平和资源质量提供理论支持和实践指导，为北方类似生态区的森林生态建设提供借鉴和参考。

　　由于编者水平有限，在编写过程中难免有疏漏之处，敬请各位专家和读者批评指正！

编者

2022 年 3 月

目　　录

第1章 塞罕坝自然概况

塞罕坝处于内蒙古高原东部中温带半干旱区、内蒙古东部草原自然生态区，中国北方400mm等降水量线分布带穿越其中，自然生态环境极其脆弱敏感。其气候由温带大陆性气候向温带季风气候变化，呈现温度低、生长期短、降水量少、蒸发量大的半干旱特征；地形由内蒙古高原向华北平原过渡，呈现出北高南低、东高西低，北部高原集中、南部山地夹杂的高原、山地变化特征；河流水文由内流区向外流区转变，高原低地小湖泊、山间低湿沼泽地、山间河流等规律性分布林区；自然植被由温带草原向温带针阔混交林发展，坝上高原天然林分布以小面积阴坡为主，大部分林地自然状态为温带草原，坝下天然林则多在立地条件较好的阴坡，且多大面积、集中连片；土壤由低质风沙土向棕壤、灰色森林土变动，坝上西部多为风沙土，东部多为灰色森林土，接坝山地多为山地棕壤。

1.1 地理位置

塞罕坝机械林场位于河北省最北部，与内蒙古交界处，属冀北山地与内蒙古高原交汇区，是坝下、坝上过渡带和森林—草原、森林—沙漠交错带，地理坐标为东经 $116°51' \sim 117°39'$，北纬 $42°02' \sim 42°36'$。北部隔河与内蒙古自治区多伦县、克什克腾旗接壤，南部、东部分别与承德市御道口牧场管理区和围场县的五乡一镇相邻。全场南北长 58.6km，东西宽 65.6km，林场距承德市 240km，距北京市 460km。

1.2　地质地貌

塞罕坝机械林场地处内蒙古高原南缘，属阴山山脉与大兴安岭余脉的交汇地带，地势北高南低，呈现由北向南倾斜之势。由坝缘山脉、高原丘陵和曼甸组成，东部、北部多为曼甸，西部为波状起伏的半固定沙丘，地势平坦，南部为坝缘山地，山高坡陡。海拔 1010～1939.9m，平均坡度在 20°。

1.3　气　候

林区属寒温性大陆季风气候。年平均气温 -1.3℃，极端最高气温33.4℃（2000 年），极端最低气温 -43.3℃（2010 年）。无霜期短，年均 64 天。年均降水量 460mm，积雪长达 7 个月。年平均蒸发量 1339.2mm，年平均相对湿度为 68%。风多是本区气候的主要特点之一，年平均大风日数 53天，最多年份达 114 天。

1.4　水　文

境内河流有吐力根河、撅尾巴河、羊肠子河、阴河、伊逊河、白岔河、如意河等，是滦河与老哈河上游主要支流的重要发源地之一，分别属滦河水系与辽河水系。东、中部水源比较丰富，而西部多为半固定沙丘，水源比较缺乏，沙化严重，植被盖度偏小。

1.5　土　壤

灰色森林土占 67.5%，分布在森林与草原的过渡地带，主要分布在坝上。棕壤土占 15.5%，主要分布在坝缘山地。沼泽土占 6.0%，主要分布在坝上低洼滞水处。风沙土占 4.2%，主要分布在三道河口一带。砾石土占 3.5%，主要分布在山地阳坡，土层薄，石砾含量多。草甸土占 3.3%，主要分布在山谷低洼处。

1.6　植　被

　　塞罕坝有森林、草原、湿地等多种生态系统，野生动植物资源丰富，是珍贵的动植物资源基因库。分布有河北省重点保护野生植物 22 种，隶属于 14 科 20 属；有陆生野生脊椎动物 261 种、鱼类 32 种、昆虫 660 种、植物 625 种、大型真菌 179 种。其中有国家重点保护动物 45 种、国家重点保护植物 5 种。在植物区系上塞罕坝位于蒙古区系、东北区系和华北区系的交汇处，是河北省境内一个特殊的地理区域，该地区景观独特，高原山地兼备，森林草原并存，区域生态环境复杂多样，植物多样性丰富。被子植物占林场植物总种数的 83.36%，构成了林场植物区系的主体；木本植物以桦属、松属、落叶松属、云杉属、栎属、杨属、柳属为主，草本植物以菊科、蔷薇科、禾本科、豆科、毛茛科、唇形科、蓼科、百合科、十字花科、石竹科、玄参科、藜科、伞形科和莎草科植物种类最为丰富，它们构成林场森林植被的建群种或优势树种。

第2章 塞罕坝机械林场的森林资源

基于塞罕坝地区的地理气候类型及特征，适宜树种主要为高寒、高海拔、短生长期及耐贫瘠、耐干旱等种类，且自然分布明显：坝下及坝上立地较好的阴坡分布以白桦（*Betula platyphylla*）为主，夹杂华北落叶松（*Larix principis-rupprechtii*）和云杉（*Picea meyeri*）的针阔混交林；坝下立地较好的阳坡分布以蒙古栎（*Quercus mongolica*）为主，夹杂山丁子等树种的阔叶林；大部分立地较差的山地阳坡及广大高原坡度平缓区则为无立木林地。经过三代塞罕坝务林人六十年不懈奋斗、科学建设，既保护、培育、提升了以白桦、蒙古栎、山杨（*Populus davidiana*）等为主的24万亩天然次生林，还营建、培育、发展了以华北落叶松、樟子松、云杉为主的88万亩人工林，森林蓄积量也由建场初期的33万m³发展到1036.8万m³，总体形成了以人工针叶林为主、天然次生林为辅、集中连片分布、近成熟林占据优势、纯林比重过大的百万亩优质林海，彻底改变了当地"飞鸟无栖树、黄沙遮天日"的恶劣环境，发挥了巨大的生态、经济和社会效益。

2.1 各类土地面积

全场土地总面积93337.62hm²，全部为林业用地，森林覆盖率82.0%。其中，乔木林地面积74777.45hm²，占80.1%；疏林地面积19.78hm²，占0.02%；国家特别规定灌木林地面积1801.73hm²，占1.9%；未成林造林地面积3060.05hm²，占3.3%；苗圃地面积42.77hm²，占0.05%；无立木林地面积925.89hm²，占1.0%；宜林地面积4134.0hm²，占4.4%；辅助生产林地面积1561.16hm²，占1.7%；其他用地面积7014.79hm²，占7.5%（表2-1）。

表 2-1　各类土地面积统计表

单位：hm²

分场	总计	国家特别规定灌木林地							辅助生产林地				其他用地					森林覆盖率（%）
		乔木林地	疏林地	国家特别规定灌木林地	未成林造林地	苗圃地	无立木林地	宜林地	小计	防火线	林路	营林房设	小计	耕地	湿地	乡村	未利用地	
总计	93337.62	74777.45	19.78	1801.73	3060.05	42.77	925.89	4134	1561.16	988.45	362.31	210.4	7014.79	1120.06	3684.24	17.14	2193.35	82.0
北曼甸分场	15740.14	12876.13	9.58	156.17	426.52	2.11	19.11	497.09	287.99	209.3	68.27	10.42	1465.44	11.2	1179.46	0	274.78	82.8
大唤起分场	18949.81	16937.26	1.89	141.43	541.67	9.54	—	500.22	213.88	134.72	65.54	13.62	603.92	137.85	331.55	2.94	131.58	90.1
第三乡分场	10239.75	8628.36	0.13	129.46	352.89	1.68	28.18	452.55	169.46	120.31	39.12	10.03	477.04	42.74	110.42	0	323.88	85.5
千层板分场	18293.07	14103.31	—	300.53	429.66	—	193.87	964.03	510.79	266.37	97.94	146.48	1771.24	203.42	1547.73	12.67	7.42	78.7
三道河口分场	10337.36	7570.17	—	870.87	130.46	4.83	565.22	666.18	219.1	161.44	40.57	17.09	310.53	95.36	197.18	0.46	17.53	81.7
阴河分场	19777.49	14662.22	8.18	203.27	1178.85	4.97	119.51	1053.93	159.94	96.31	50.87	12.76	2386.62	629.49	317.9	1.07	1438.16	75.2

2.2 森林面积、蓄积量

全场活立木总蓄积量10367970m³。其中，乔木林蓄积量10367661m³，占总蓄积量的99.997%；疏林蓄积量309m³，占总蓄积量的0.003%。乔木林平均单位蓄积量为138.6m³/hm²。

下属六个分场中，大唤起分场乔木林面积最大，为16937.26hm²，占比为22.7%；千层板分场蓄积量最大，为2395937m³，占比为23.1%；千层板分场的单位蓄积最大，为169.9m³/hm²(表2-2)。

表2-2 乔木林面积、蓄积量和单位蓄积量统计表

分场	面积 （hm²）	面积百分比 （%）	蓄积量 （m³）	蓄积量百分比 （%）	单位蓄积量 （m³/hm²）
总计	74777.45	100	10367661	100	138.6
北曼甸分场	12876.13	17.2	2154058	20.8	167.3
大唤起分场	16937.26	22.7	1907288	18.4	112.6
第三乡分场	8628.36	11.5	1111229	10.7	128.8
千层板分场	14103.31	18.9	2395937	23.1	169.9
三道河口分场	7570.17	10.1	911996	8.8	120.5
阴河分场	14662.22	19.6	1887153	18.2	128.7

2.2.1 乔木林起源

全场乔木林在面积和蓄积量上均以人工林占优。人工林面积54322.49hm²，蓄积量8186143m³，分别占72.6%和79.0%，单位蓄积量为150.7m³/hm²；天然林面积20454.96hm²，蓄积量2181518m³，分别占27.4%和21.0%，单位蓄积量为106.6m³/hm²(表2-3)。

千层板分场人工林地面积和蓄积量最大，分别为12234.2hm²和2171349m³，占乔木林总面积和总蓄积量的16.4%和20.9%；大唤起分场天然林面积最大，为6617.03hm²，占乔木林总面积的8.8%，阴河分场天然林蓄积量最大，为640317m³，占乔木林总蓄积量的6.2%。北曼甸分场天然林单位蓄积量最大，达到143.3m³/hm²；千层板分场人工林单位蓄积量最大，为 177.5m³/hm²。

表 2-3　不同起源乔木林面积、蓄积量和单位蓄积量统计表

分场	起源	面积 （hm²）	面积百分比 （%）	蓄积量 （m³）	蓄积量百分比 （%）	单位蓄积量 （m³/hm²）
合计	合计	74777.45	100	10367661	100	138.6
	人工	54322.49	72.6	8186143	79.0	150.7
	天然	20454.96	27.4	2181518	21.0	106.6
北曼甸分场	小计	12876.13	17.2	2154058	20.8	167.3
	人工	10072.22	13.5	1752136	16.9	174.0
	天然	2803.91	3.7	401922	3.9	143.3
大唤起分场	小计	16937.26	22.7	1907288	18.4	112.6
	人工	10320.23	13.8	1320325	12.7	127.9
	天然	6617.03	8.8	586963	5.7	88.7
第三乡分场	小计	8628.36	11.5	1111229	10.7	128.8
	人工	5798.11	7.8	838225	8.1	144.6
	天然	2830.25	3.8	273004	2.6	96.5
千层板分场	小计	14103.31	18.9	2395937	23.1	169.9
	人工	12234.2	16.4	2171349	20.9	177.5
	天然	1869.11	2.5	224588	2.2	120.2
三道河口分场	小计	7570.17	10.1	911996	8.8	120.5
	人工	6844.28	9.2	857272	8.3	125.3
	天然	725.89	1.0	54724	0.5	75.4
阴河分场	小计	14662.22	19.6	1887153	18.2	128.7
	人工	9053.45	12.1	1246836	12.0	137.7
	天然	5608.77	7.5	640317	6.2	114.2

2.2.2　乔木林类别

全场乔木林在面积上和蓄积量上均以生态公益林占优。乔木林中生态公益林面积 40108.28hm²，蓄积量 5377120m³，分别占 53.6% 和 51.9%，单位蓄积量为 134.1m³/hm²；商品林面积 34033.91hm²，蓄积量 4984730m³，分别占 45.5% 和 48.1%，单位蓄积量为 146.5m³/hm²；其他林分为荒山造林进阶，尚未定性的乔木林（表 2-4）。

表 2-4　乔木林各森林类别的面积、蓄积量和单位蓄积量统计表

分场	类型	面积（hm²）	面积百分比（%）	蓄积量（m³）	蓄积量百分比（%）	单位蓄积量（m³/hm²）
合计	总计	74777.45	100	10367661	100	138.6
	公益林	40108.28	53.6	5377120	51.9	134.1
	商品林	34033.91	45.5	4984730	48.1	146.5
	其他	635.26	0.8	5811	0.1	9.1
北曼甸分场	小计	12876.13	17.2	2154058	20.8	167.3
	公益林	5208.61	7.0	952249	9.2	182.8
	商品林	7566.12	10.1	1201700	11.6	158.8
	其他	101.4	0.1	109	0.0	1.1
大唤起分场	小计	16937.26	22.7	1907288	18.4	112.6
	公益林	8450.01	11.3	746567	7.2	88.4
	商品林	8487.25	11.4	1160721	11.2	136.8
第三乡分场	小计	8628.36	11.5	1111229	10.7	128.8
	公益林	4739.95	6.3	527368	5.1	111.3
	商品林	3888.41	5.2	583861	5.6	150.2
千层板分场	小计	14103.31	18.9	2395937	23.1	169.9
	公益林	7797.1	10.4	1457876	14.1	187.0
	商品林	6228.6	8.3	933822	9.0	149.9
	其他	77.61	0.1	4239	0.0	54.6
三道河口分场	小计	7570.17	10.1	911996	8.8	120.5
	公益林	7172.69	9.6	911145	8.8	127.0
	商品林	8.5	0.0	0	0.0	0.0
	其他	388.98	0.5	851	0.0	2.2
阴河分场	小计	14662.22	19.6	1887153	18.2	128.7
	公益林	6739.92	9.0	781915	7.5	116.0
	商品林	7855.03	10.5	1104626	10.7	140.6
	其他	67.27	0.1	612	0.0	

2.2.3　乔木林林种结构

防护林面积 30448.92hm²，蓄积量 4000968m³，分别占 40.7% 和 38.6%；特种用途林面积 18607.6 hm²，蓄积量 2712568m³，分别占 24.9%

和 26.2%；用材林面积 25720.93hm²，蓄积量 3654125 m³，分别占 34.4%
和 35.2%；全场无薪炭林和经济林，乔木林在面积和蓄积量上均以防护林
占优(表 2-5)。

表 2-5　乔木林分林种面积、蓄积量统计表　　　单位：hm²、m³

分场	合计		防护林		特种用途林		用材林	
	面积	蓄积量	面积	蓄积量	面积	蓄积量	面积	蓄积量
总计	74777.45	10367661	30448.92	4000968	18607.6	2712568	25720.93	3654125
北曼甸分场	12876.13	2154058	3905.77	630779	3582.87	659361	5387.49	863918
大唤起分场	16937.26	1907288	9604.89	946860	388.4	46219	6943.97	914209
第三乡分场	8628.36	1111229	5221.9	644335	54.37	4188	3352.09	462706
千层板分场	14103.31	2395937	6257.96	1057500	3437.45	628144	4407.9	710293
三道河口分场	7570.17	911996	13.34	25	7556.83	911971		
阴河分场	14662.22	1887153	5445.06	721469	3587.68	462685	5629.48	702999

2.2.4　乔木林树种结构

全场乔木林优势树种以华北落叶松、白桦和樟子松为主，三者面积百
分比分别为 51.1%、21.4% 和 16.1%，三者之和达到了 88.6%。三者蓄积
量百分比分别为 63.5%、19.2% 和 13.3%，三者之和达到了 96.0%。全场
乔木林单位蓄积量为 138.6m³/hm²，各树种中华北落叶松单位蓄积量最高，
为 172.5m³/hm²；其次是白桦，为 124.2m³/hm²；再次为樟子松，单位蓄
积量为 114.4m³/hm²(表 2-6)。

表 2-6　乔木林各树种面积、蓄积量和单位蓄积量比例表

优势树种	面积 (hm²)	面积百分比 (%)	蓄积量 (m³)	蓄积量百分比 (%)	单位蓄积量 (m³/hm²)
总计	74777.45	100	10367661	100	138.6
华北落叶松	38182.08	51.1	6587975	63.5	172.5
白桦	16039.33	21.4	1992197	19.2	124.2
樟子松	12052.21	16.1	1378509	13.3	114.4
柞树	3653.89	4.9	134399	1.3	36.8
云杉	3225.69	4.3	135980	1.3	42.2
山杨	745.71	1	71575	0.7	96
油松	667.75	0.9	59710	0.6	89.4
其他	210.79	0.3	7316	0.1	34.7

2.2.5　乔木林龄组结构

在面积上，中龄林占比重最大，达到30.4%；幼龄林和近熟林次之，分别为27.9%和24.6%；成过熟林面积占比较低，仅为17.0%。在蓄积量上，近熟林占比较大，达到了3861804m³，占37.2%；中龄林和成熟林次之，分别占27.1%和25.8%；过熟林蓄积量最低，仅占总蓄积量的1.7%（表2-7）。

表2-7　乔木林各龄组面积、蓄积量和单位蓄积量统计表

龄组	面积 （hm²）	面积百分比 （%）	蓄积量 （m²）	蓄积量百分比 （%）	单位蓄积量 （m³/hm²）
总计	74777.45	100.0	10367661	100.0	138.6
幼龄林	20874.21	27.9	848999	8.2	40.7
中龄林	22726.64	30.4	2806052	27.1	123.5
近熟林	18405.36	24.6	3861804	37.2	209.8
成熟林	11920.57	15.9	2673536	25.8	224.3
过熟林	850.67	1.1	177270	1.7	208.4

2.3　森林质量分析

2.3.1　每公顷蓄积量

全场乔木林平均蓄积量138.6m³/hm²。按起源分，天然林106.6m³/hm²，人工林150.7m³/hm²，人工林显著高于天然林；按森林类别分，公益林134.1m³/hm²，商品林146.5m³/hm²，商品林略高于公益林；按优势树种分，单位蓄积量最大的分别为华北落叶松172.5m³/hm²、白桦124.2m³/hm²、樟子松114.4m³/hm²，其他树种单位蓄积量均低于100m³/hm²。

2.3.2　每公顷生长量

利用2006年、2011年、2016年三期机械林场境内一类资源连续清查固定样地中蓄积量变化量，据普雷斯勒公式计算主要树种、龄级的生长

率；依据 2020 年各树种林分蓄积量，用各树种立木生长率代替林分生长率，计算当前林分生长量，如公式（2-1）：

$$P_v = \frac{V_t - V_{t-n}}{V_t + V_{t-n}} \times \frac{200}{n} \tag{2-1}$$

式中：P_v 为生长率，V_t 为 t 时刻的材积，n 为时间间隔。

经计算，全场 2020 年林分年均生长量 492593m³，每公顷乔木林年均生长量为 6.59m³。按起源分，天然林 3.41m³/hm²，人工林 7.78m³/hm²；按森林类别分，公益林 6.11m³/hm²，商品林 7.26m³/hm²；按优势树种分，华北落叶松 8.82m³/hm²，樟子松 6.55m³/hm²，油松 4.55m³/hm²，白桦 4.04m³/hm²，柞树 1.03m³/hm²。单位年均生长量人工林远高于天然林，商品林略高于公益林，单个树种中华北落叶松最高。

2.3.3　径阶结构

全场乔木林各胸径等级中，中径组乔木林面积、蓄积量所占比例最大，分别为 53.5% 和 66.6%；单位蓄积量最大的是大径组，为 218.1m³/hm²（表 2-8）。

表 2-8　乔木林各径组面积、蓄积量和单位蓄积量统计表

类别		面积（hm²）	面积百分比（%）	蓄积量（m³）	蓄积量百分比（%）	单位蓄积量（m³/hm²）
合计		74777.45	100	10367661	100	138.6
	<5.0	8660.51	11.6			
小径组	（5~9.9）	6588.47	8.8	206879	2.0	31.4
	（10~12.9）	6388.92	8.5	415314	4.0	65.0
中径组	（13~19.9）	24010.99	32.1	3540793	34.2	147.5
	（20~24.9）	16023.33	21.4	3363876	32.4	209.9
大径组	（25~29.9）	11406.06	15.3	2487240	24.0	218.1
	（30~36.9）	1699.17	2.3	353559	3.4	208.1

2.3.4　密度结构

全场乔木林面积和蓄积量中，按密度等级划分，面积百分比占前三位

表 2-9　乔木林各密度等级面积、蓄积量和单位蓄积量统计表

单位：hm²、m³

密度	合计		幼龄林		中龄林		近熟林		成熟林		过熟林	
	面积	蓄积量	面积	蓄积量	面积	蓄积量	面积	蓄积量	面积	蓄积量	面积	蓄积量
合计	74777.45	10367661	20874.21	848999	22727.92	2806136	19023.78	3964681	11300.87	2570575	850.67	177270
≥3000	6784.14	258688	6305.87	164863	359.78	54305	118.41	39520	0	0	0.08	0
2250~2999	4451.71	535713	2526.5	131672	1317.59	222021	562.18	166353	41.77	15249	3.67	418
1500~2249	10067.92	1366100	4322.59	200366	3485.15	548670	1923.99	515714	306.82	96256	29.37	5094
750~1499	29693.48	4553389	6283.91	309855	12024.95	1460625	7768.07	1807632	3370.49	924968	246.06	50309
300~749	21176.32	3419503	1165.49	36966	4714.9	479269	8263.13	1394720	6566.93	1402733	465.87	105815
<300	2603.88	234268	269.85	5277	825.55	41246	388	40742	1014.86	131369	105.62	15634

的依次是每公顷株数在 750~1499 株、300~749 株和 1500~2249 株三个区间，所占比例分别为：39.7%、28.3%和 13.5%，三个区间面积占总面积的 81.5%；而蓄积量百分比占前三位的也是这三个区间，所占比例分别为：43.9%、33.0%和 13.2%，三个区间蓄积量占总蓄积量的 90.1%(表 2-9)。

各密度等级中，单位蓄积量最大的是每公顷株数在 300~749 株乔木林，单位蓄积量为 161.5m³/hm²，从林龄结构分析是因为在此密度的林分多处于近熟林以上阶段，其近成过熟林占比高达 72.2%；其次是每公顷株数在 750~1499 株乔木林，单位蓄积量为 153.3m³/hm²，该密度林分多处于中龄林阶段，中龄林占比为 40.5%；最小的是每公顷株数 ≥3000 株的乔木林，单位蓄积量为 38.1m³/hm²，其林龄主要处于幼龄林阶段，幼龄林占比高达 93%。

2.4　小　结

综上，塞罕坝机械林场总经营面积 93337.62hm²，活立木蓄积量总量 10367970m³。其中：按起源划分，人工林面积 54322.49hm²，天然林面积 20454.96hm²；按龄级划分，中龄林面积 22726.64hm²；幼龄林和近熟林分别为 20874.21hm² 和 18405.36hm²；成过熟林面积 12771.24hm²。按树种类型划分，针叶林面积 54127.73hm²，阔叶林面积 20649.72hm²。

第3章　塞罕坝樟子松森林资源

樟子松(*Pinus sylvestris var. mongolica*)属于松科松属，常绿乔木。高可达25m以上。树干挺直，3~4m以下的树皮黑褐色，鳞状深裂，上部树皮及枝条黄色至褐黄色，列成薄片状脱落。树冠椭圆形或圆锥形，幼树树冠尖塔型，老则呈圆顶或平顶。针叶2针一束，常稍扭曲，先端尖。雌雄同株，雄球花卵圆形，黄色，聚生在当年生枝的下部；雌球花球形或卵圆形，紫褐色。球果长卵形。鳞盾呈斜方形，具纵脊横脊，鳞脐呈瘤状突起。种子小，具黄色、棕色、黑褐色不一，种翅膜质。樟子松林木生长较快，材质细，纹理直，有树脂。可供建筑、枕木、舟船、家具及木纤维工业原料等用材。树干可割树脂，提取松香和松节油；树皮可提取栲胶。同时，樟子松的适应性强，耐干旱，能适应土壤水分较差的山脊及阳山坡，以及较干旱沙地，是三北地区防护林及固沙造林的主要树种。樟子松树形优美，可作庭园观赏及绿化树种。

樟子松主要分布在大兴安岭林区，西起莫尔道嘎、金河、根河，东到新林、呼玛线以北有连续成片分布，以伊图里河、免渡河、阿尔山、红花尔基等地呈带状或块状分布。海拉尔以西、以南一带沙丘地区也有集中分布。

樟子松耐寒性强，能忍受-50~-40℃低温。因此，在我国的中高纬度地区有良好的适应性和广泛的分布。同时，樟子松耐旱能力强，对干旱的生态环境具有较强的适应能力。樟子松是强阳性树种，树冠稀疏，针叶稀少短小，表皮层角质化，有较厚的肉质部分，气孔着生在叶褶皱的凹陷处，可减少地上部分的蒸腾。针叶多集中在树冠表面，林内树木自然整枝强烈。幼树在大树树冠下生长不良。同时，樟子松是深根性树种，喜深厚沙质土壤，对肥力要求不高，耐贫瘠，在风沙土上及土层很薄的山地石砾土上均能生长良好。在干燥的沙丘上，主根一般深1~2m，最深达4m以下，侧根多分布到距地表10~50cm沙层内，根系向四周伸展，能充分吸收土壤中的水分。但不耐水湿，在过度水湿或积水地段生长不良。同时，喜酸性或微酸性土壤，不耐盐碱，pH 值超过 8 时生长不良。2000 年以来，河北省西北坝上地区的杨树防护林出现了大面积死亡的现象，但是该地区的樟子松生长良好，未出现明显的衰退现象。1967 年辽宁省章古台地区发生严重干旱，6 月固定沙地 0~125cm 沙层含水量为 2%~3%，12 年生华北落叶松因干旱大部分死亡，杨树等阔叶树种的叶子黄枯或部分脱落，而樟子松仍然正常生长。

20 世纪 60 年代，塞罕坝机械林场从东北地区引种樟子松获得成功，目前樟子松已成为塞罕坝的主要造林树种之一，塞罕坝机械林场樟子松人工林面积已达 1.2 万 hm²，樟子松人工林已成为该地区森林资源的重要组成部分和重要的生态屏障。

3.1　塞罕坝樟子松的栽培历史

塞罕坝机械林场自 20 世纪 60 年代开始了樟子松的育苗和造林工作，经过长期的实践探索，解决了育苗和造林技术上的难题，取得了引种和造林的成功。

育苗：1962 年，塞罕坝林场着手进行樟子松引种试验育苗工作，从原产区引进的樟子松种子育苗 140m²，因过冬未埋土防寒失败。1963 年，由大唤起分场四十号苗圃再次从内蒙古自治区红花尔基引进种子，获得成功。1965 年，又开始进行樟子松留床苗移植管理试验，管理成功，亩产成苗均在 5 万株以上。樟子松在塞罕坝育苗的主要经验有以下几个方面：

①依据苗木出土后，生长期来的早和高生长期短的特点，早追肥，把追肥间隔期缩短到 7 天，生长后期严格控制水肥，追施磷肥防止二次生长。

②土壤上大冻之前埋土防寒。

③翌年清明节后或稍晚一点时间，分次撤土，每次撤土后立即浇水。风天不撤土。

④顶芽发绿时开始追肥。

⑤换床前 7~10 天撤防寒土，每次撤土后，浇水保持苗木水分平衡，

防针叶和顶芽抽干。

⑥移植时防止苗床有干土层、窝根和悬空，缓苗时防止苗床过湿。

造林：建场之初，大唤起分场就从东北引种樟子松苗，进行造林试验获得成功，但数量很小。试验地选在阳坡沙丘和沙土地段。自 1965 年，大唤起分场采用缝隙植苗法，利用自产樟子松苗造林，取得成功。1966年，樟子松引种到坝上的千层板分场，在马蹄坑、长腿泡子营林区造林，再获成功，造林面积在 2000 亩以上。1975—1978 年，三道河口分场有极少量樟子松引入，成活率不足 50%。1979 年，三道河口分场技术员张树珊根据实地调查，发现机犁沟整地造林效果好于人工穴状整地造林，建议调整人工穴状整地比重。经实践，造林成活率高于人工穴状整地 30% 以上，达 89%。1981 年，坝上两场实现大面积樟子松造林。同年，林场副场长兼副总工程师李兴源提出，樟子松造林当年的冬季，实行埋土防寒措施。1983 年开始得以实施，保存率比不埋土防寒至少高 6% 以上。此后，千层板分场主管技术员王文录利用 3 年生樟子松苗造林，第三年保存率仍达75%；还利用 3 年生苗带土筐，在流沙阳坡和沙荒造林，亦获成功。在塞罕坝地区进行樟子松造林的经营主要有以下几个方面：

①苗高 6cm 以上，木质化良好，地径 0.3cm，根系发达的苗木用于造林。

②越冬苗木采取埋土防寒措施，春季适时分次撤土，避开大风天。

③因苗冠较大及移植适应性，栽植时"宁深勿浅"，防止窝根和根系悬空。

④阳坡、冲风口幼树在上大冻之前进行埋土防寒，防止发生风干，翌春适时分次撤土，如资金充裕可全面采取埋土防寒措施。

1989 年夏季，国际干旱半干旱地区防护林（会议）考察团来场考察，对于塞罕坝机械林场引种樟子松成功，樟子松大面积成林、生长发育良好的表现，特别是造林技术给予高度评价和推崇。截至 1990 年，全场有樟子松人工林达 10 万亩以上。

为了治理干旱石质阳坡、严重沙化土地，并有效利用高密度樟子松幼林苗木，塞罕坝机械林场千层板分场首先创新探索了樟子松大苗移植技术，具体做法是：在 5~7 年生、初植密度 333 株/亩、保存率 80% 以上的樟子松幼林，于早春幼林土壤封冻，同时造林地土壤已解冻时，在林内带土坨挖取较大规格的樟子松苗木，完整包装，保持土球良好，运到造林地块。在造林地内，按照苗木需求挖够植苗穴大小、深度，再浇底水、植苗、添土、浇水、覆土保墒、整理穴位。之后，可根据苗木状况及墒情浇水、幼抚，每亩 55~111 株，成活率 85% 以上。初期，此类技术应用在林区主道沿线零星地区，随后发展到全场推广实施。

抚育间伐：1980 年，开始进行樟子松人工林间伐的研究。1982 年，林场林业科营林组设立了樟子松人工林抚育间伐研究课题。课题由工程师吴景昌主持。经过大量试验，编制了 7~15 径级间伐后《樟子松合理密度表》，应用于生产。此后，又进行了按胸径与冠幅相关理论确定合理密度的研究。据"樟子松人工林经营技术研究"课题研究报告表明，截至 1997 年，樟子松造林面积已达 20 余万亩。2000 年前，间伐约 2.0 万亩次；2000—2012 年，间伐约 5 万亩次；2013 年后，进入间伐高峰期，约 15 万亩次。

3.2　塞罕坝樟子松的森林资源状况

塞罕坝的樟子松森林资源丰富，全部为人工林，其面积达 12052.21hm²，蓄积量 1378509m³，面积及蓄积量均排在第三位，仅低于华北落叶松和白桦（表 3-1）。

表 3-1　塞罕坝樟子松人工林分布表

分场	合计		幼龄林		中龄林		近熟林		成熟林		过熟林	
	面积 （hm²）	蓄积量 （m³）	面积 （hm²）	蓄积量 （m³）	面积 （hm²）	蓄积量 （m³）	面积 （hm²）	蓄积量 （m³）	面积 （hm²）	蓄积量 （m³）	面积 （hm²）	蓄积量 （m³）
总计	12052.21	1378509	5306.8	82614	2416.51	256686	2858.79	699161	1395.37	324522	74.74	15526
北曼甸分场	815.29	36279	658.09	3748	90.08	12841	53.07	16919	14.05	2771	0	0
大唤起分场	820.26	70287	545.91	14460	36.29	3209	151.91	36208	86.15	16410	0	0
第三乡分场	343.9	12410	300.65	905	6.6	225	35.98	11170	0.67	110	0	0
千层板林场	4588.83	795520	783.08	8160	804.58	84874	1687.51	397861	1238.92	289099	74.74	15526
三道河口分场	4646.75	440119	2314.56	54904	1442.19	152834	863.02	222696	26.98	9685	0	

（续）

分场	合计		幼龄林		中龄林		近熟林		成熟林		过熟林	
	面积 （hm^2）	蓄积量 （m^3）	面积 （hm^2）	蓄积量 （m^3）	面积 （hm^2）	蓄积量 （m^3）	面积 （hm^2）	蓄积量 （m^3）	面积 （hm^2）	蓄积量 （m^3）	面积 （hm^2）	蓄积量 （m^3）
阴河分场	837.18	23894	704.51	437	36.77	2703	67.3	14307	28.6	6447	0	0

从樟子松在塞罕坝机械林场各个分场的分布来看，分布面积由高到低分别为三道河口、千层板、阴河、北曼甸、大唤起和第三乡分场，所占比例分别为38.56%、38.07%、6.08%、6.81%、6.76%和2.85%。按蓄积量来看，由高到低则分别为千层板、三道河口、大唤起、北曼甸、阴河和第三乡，所占比例为57.71%、31.93%、5.10%、2.44%、2.63%和1.73%。由以上数据可知，在各个分场中，以千层板的樟子松资源最为丰富。

从樟子松的林分年龄分布来看，塞罕坝地区樟子松人工林以幼龄林、中龄林和近熟林为主，其面积分别为5306.8hm^2、2416.51hm^{2}和2858.79hm^2，所占比例分别达到了44.03%、20.05%和23.72%，成熟林和过熟林分别为1395.37hm^{2}和74.74hm^2，分别只占到了11.58%和0.62%。由此可知，塞罕坝地区的樟子松人工林面积虽然很大，但是以中幼龄林所占比例最大，这些樟子松人工林处于快速生长阶段，是塞罕坝地区未来森林资源增长的重要组成部分，目前，应加强这些樟子松人工林的抚育经营，促进其生长。从各龄组樟子松林在各分场的分布来看，幼龄林主要分布于三道河口，占所有幼龄林的43.61%，其次为千层板，占到14.76%；中龄林以三道河口所占比例最大，为59.68%，其次为千层板分场，占33.30%；近熟林以千层板所占比例最大，占到59.03%，其次为三道河口分场，占比30.19%；成熟林以千层板所占比例最大，为88.79%，其他分场占比均较少；过熟林只有千层板林场有。

从樟子松的生长状况来看，塞罕坝地区樟子松以中小径材为主，大径材所占比例较小。中径材（13～24.9cm）所占比例为43.88%，小径材（5～12.9cm）所占比例为34.27%，大径材（25～36.9cm）所占比例仅为1.42%。另外，小于5cm的木材所占比例为20.32%，没有特大径材（>37cm）。从塞罕坝地区樟子松人工林的生长现状可以看出，当前樟子松林的经营应以培育为主，以促进林分的生长。

　　从林种的划分来看，塞罕坝地区的樟子松林大部分为公益林，面积为 8070.14hm²，占全部樟子松林面积的 66.96%；商品林面积为 3376.66hm²，所占比例为 28.01%。在公益林中又以保护区所占比例最大，面积达到 5658.47hm²，占全部樟子松林的 46.95%。因此，塞罕坝地区樟子松人工林的经营除了关注林分的生长之外，还应该重视樟子松林生物多样性保护等生态功能的发挥(表 3-2)。

表 3-2　塞罕坝樟子松人工林林种划分

分场	合计		公益林		商品林		新进阶未确定	
	面积 （hm²）	蓄积量 （m³）	面积 （hm²）	蓄积量 （m³）	面积 （hm²）	蓄积量 （m³）	面积 （hm²）	蓄积量 （m³）
总计	12052.21	1378509	8070.14	1176426	3376.66	200554	605.41	1529
北曼甸分场	815.29	36279	160.36	21482	553.92	14797	101.01	0
大唤起分场	820.26	70287	203.5	14408	616.76	55879		
第三乡分场	343.9	12410	38.5	1744	305.4	10666		
千层板分场	4588.83	795520	3323.16	682223	1206.83	112619	58.84	678
三道河口分场	4646.75	440119	4252.72	439268	8.5	0	385.53	851
阴河分场	837.18	23894	91.9	17301	685.25	6593	60.03	0

第4章 塞罕坝樟子松人工林的土壤条件

土壤是森林生态系统的重要组成部分(林文树等, 2016)。土壤养分含量是林分立地条件的重要组成部分,对林分的生长具有重要影响(王琳琳等, 2008; 李晓莎等, 2016)。已有研究表明,林分的径生长更多取决于林分的密度(刘素真, 孙玉军, 2015; 韩照日格图等, 2007), 而高生长则直接取决于林分的立地条件(刁淑清等, 2005; 孟宪宇, 1996; 孙圆等, 2006), 土壤养分含量是立地条件的重要方面。同时,森林会通过凋落物及根系对森林土壤养分含量产生明显影响,这种影响对土壤肥力的维持至关重要(刘增文等, 2009; 罗献宝等, 2011), 因此了解林分土壤养分状况,尤其是人工林的土壤养分状况是森林经营的前提。本研究以塞罕坝机械林场的樟子松人工林为研究对象,采用野外典型抽样调查和室内分析测定相结合的方法,对该地区樟子松人工林的土壤养分进行分析,探讨樟子松人工林土壤养分条件的差异及其与林分生长之间的关系,为樟子松人工林的可持续经营提供科学依据。

4.1 研究区概况

根据塞罕坝林区樟子松人工林的分布情况,将樟子松林生长的立地分为以下几种类型,分别为坝上东部曼甸沙质土、坝上西部曼甸沙质土、坝上山地壤质土、坝下山地沙质土、坝下山地壤质土、坝下平地壤质土。各林地概况如表 4-1 所示。

表 4-1 樟子松人工林样地概况

地点	立地类型	林分年龄(年)	林分密度(株/hm^2)	海拔(m)
千层板	坝上东部曼甸沙质土	9~46	417~3637	1489.6~1667
三道河口	坝上西部曼甸沙质土	15~16	2050~3367	1500~1525

（续）

地点	立地类型	林分年龄（年）	林分密度（株/hm²）	海拔（m）
北曼甸	坝上山地壤质土	30~31	2433~2917	1726~1750
大唤起	坝下山地沙质土	10~44	350~1467	1211.2~1451
大唤起	坝下山地壤质土	10~41	525~1775	1394~1547
大唤起	坝下平地壤质土	33~35	650~667	1046.2~1056

4.2　研究方法

标准地设置：2014 年 7~8 月，在前期调查和实地考察的基础上，针对塞罕坝林区现有的樟子松人工林林分情况，以地理条件和林分年龄为依据，在大唤起分场、千层板分场、北曼甸分场、三道河口分场的樟子松林分内分别设置标准地 11 块、12 块、2 块、2 块，标准地面积根据地形、地势、林分特征、林龄及林分面积而定，一般为 600m²（20m×30m），个别样地面积为 400m²（20m×20m）。

样地调查：在设立的每块样地内进行每木检尺，调查胸径、树高、年龄及冠幅。然后，选取 12 块林龄相近和立地条件具有代表性的样地。其中，大唤起 5 块，千层板 6 块，北曼甸 1 块。在每块样地内选择处于林冠上层、生长状况良好、无病虫害、不断梢的优势木，伐倒，进行树干解析，分析其高生长过程。

土壤的采集与处理：在每一样地内，分别挖取 2 个土壤剖面，深至30cm，然后进行分层取样，每 10cm 一层。将两个剖面的同一层土壤混合均匀，取每层 1kg 左右的混合样品装入布质土壤袋中，带回室内备用。将野外采集的土壤样品阴干后，拣出枯枝落叶、植物根、石子等，然后碾碎，使之通过 1mm 土壤筛，装入密封袋成待测样品。

土壤养分分析：在实验室内对土壤样品进行理化性质分析，主要测定土壤有机质、土壤 pH 值、土壤碱解氮、速效磷、速效钾、全氮、全磷、全钾等。应用的主要分析方法有：有机质采用重铬酸钾容量法—外加热法；碱解氮用碱解扩散吸收法；全氮用半微量凯氏定氮法；速效磷用碳酸氢钠浸提法；全磷用钼锑抗比色法；速效钾采用醋酸胺浸提，使用火焰光度计测定；全钾采用火焰光度计法(鲍士旦，2000)。

数据分析：使用 Excel2013 进行数据统计，使用 SPSS17.0 进行回归分析。

4.3　研究结果

4.3.1　不同樟子松林土壤养分含量及 pH 值的比较

塞罕坝地区樟子松人工林的 6 种立地类型的土壤养分含量如表 4-2 所示。樟子松人工林的土壤养分在不同立地间呈现出相似的变化规律。各养分元素含量都以坝上山地壤质土和坝下山地壤质土为最高，其次为坝上东部曼甸沙质土和坝下山地沙质土，坝上西部曼甸沙质土和坝下平地壤质土最低。以有机质为例，坝上山地壤质土和坝下山地壤质土表层(0~10cm)土壤有机质的含量分别为 61.31g/kg 和 65.64g/kg，坝上东部曼甸沙质土和坝下山地沙质土分别为 33.81g/kg 和 27.61g/kg，坝上西部曼甸沙质土和坝下平地壤质土则分别为 21.06g/kg 和 17.64g/kg。

总的规律是壤质土的土壤养分含量都相对较高，而沙质土则相对较低，这是由于壤质土土壤质地更细，对土壤养分元素的吸附能力更强，有更高的养分保持能力，而沙质土保持养分的能力则相对较低(张芳芳等，2012)。坝下平地壤质土的土壤养分含量较低的原因，主要是该林地临近居民区，林内干扰如放牧等，比较严重，影响了土壤养分的积累。另外，与各种养分元素的含量不同，不同樟子松林的不同立地之间，pH 值没有明显差异，在 5.17~6.68 之间，土壤呈酸性。

塞罕坝樟子松林地中，各种土壤养分含量都随土层深度的增加而呈逐渐下降的趋势，这符合一般森林土壤养分含量的分布格局。因为森林土壤的养分主要来源于地上凋落物的分解及土壤中根系的周转。随凋落物分解而进入土壤的养分，随着深度的增加逐渐减少，同时，根系在土壤中的分布也随土壤深度的增加逐渐减少，两种因素共同作用使得土壤养分含量随土壤深度的增加而呈下降趋势。而 pH 值则与土壤的深度没有明显的相关关系。

另外，根据全国第二次土壤普查养分分级标准(全国土壤普查办公室，

1992)，各樟子松林土壤养分含量都属于中等以上水平，说明该地区樟子松林的土壤肥力状况相对较好。

表 4-2　不同樟子松林地的土壤养分含量及 pH 值

类型	土层（cm）	有机质（g/kg）	全氮（g/kg）	碱解氮（mg/kg）	全磷（g/kg）	速效磷（mg/kg）	全钾（g/kg）	速效钾（mg/kg）	pH 值
坝上东部曼甸沙质土	0~10	33.81 (11.46)	0.20 (0.07)	153.33 (41.38)	0.20 (0.04)	84.68 (24.65)	7.65 (0.68)	210.92 (24.20)	5.77 (0.32)
	10~20	19.52 (9.71)	0.15 (0.08)	97.68 (40.80)	0.16 (0.05)	60.18 (25.44)	6.61 (0.97)	151.56 (19.42)	5.70 (0.29)
	20~30	16.20 (0.85)	0.14 (0.07)	81.91 (33.38)	0.14 (0.04)	47.65 (17.44)	6.17 (1.16)	126.37 (15.72)	5.84 (0.22)
坝上西部曼甸沙质土	0~10	21.06 (3.82)	0.14 (0.00)	114.74 (14.14)	0.17 (0.01)	55.07 (6.59)	8.19 (0.32)	237.87 (26.16)	6.35 (0.08)
	10~20	10.76 (1.89)	0.12 (0.02)	66.79 (20.84)	0.12 (0.04)	29.48 (2.28)	5.39 (2.62)	111.43 (4.59)	6.46 (0.16)
	20~30	8.82 (5.56)	0.12 (0.01)	55.17 (32.07)	0.11 (0.07)	26.44 (4.66)	4.94 (3.11)	119.77 (31.89)	6.64 (0.16)
坝上山地壤质土	0~10	61.31 (4.67)	0.30 (0.01)	272.42 (18.14)	0.27 (0.03)	118.14 (1.77)	9.54 (0.37)	278.41 (46.39)	6.05 (0.03)
	10~20	41.24 (5.89)	0.21 (0.02)	196.75 (13.85)	0.23 (0.02)	53.55 (10.64)	8.99 (0.49)	245.72 (31.01)	5.80 (0.02)
	20~30	34.26 (7.16)	0.17 (0.01)	154.18 (20.91)	0.21 (0.03)	55.57 (4.56)	8.99 (0.46)	212.22 (19.17)	5.80 (0.02)
坝下山地沙质土	0~10	27.61 (10.84)	0.19 (0.06)	122.97 (44.09)	0.24 (0.07)	34.19 (7.55)	8.24 (0.71)	191.46 (46.30)	5.82 (0.24)
	10~20	21.63 (11.23)	0.13 (0.04)	104.45 (51.37)	0.21 (0.08)	28.77 (12.98)	7.79 (0.95)	133.05 (21.42)	5.98 (0.22)
	20~30	20.70 (13.48)	0.13 (0.04)	97.85 (53.66)	0.20 (0.10)	25.13 (10.23)	7.26 (1.50)	137.50 (34.82)	5.91 (0.23)
坝下山地壤质土	0~10	65.64 (2.33)	0.40 (0.17)	274.56 (3.35)	0.32 (0.08)	90.27 (7.52)	10.11 (0.01)	247.59 (35.74)	6.05 (0.18)
	10~20	57.77 (12.73)	0.32 (0.13)	207.33 (10.87)	0.28 (0.01)	56.33 (0.36)	9.71 (0.03)	206.96 (55.60)	5.81 (0.32)
	20~30	37.26 (0.46)	0.28 (0.11)	168.74 (5.46)	0.24 (0.00)	48.48 (2.87)	9.25 (0.65)	185.30 (58.77)	5.74 (0.24)

（续）

类型	土层（cm）	有机质（g/kg）	全氮（g/kg）	碱解氮（mg/kg）	全磷（g/kg）	速效磷（mg/kg）	全钾（g/kg）	速效钾（mg/kg）	pH 值
坝下平地壤质土	0~10	17.64（0.89）	0.14（0.01）	90.82（9.90）	0.17（0.00）	21.38（8.24）	7.52（0.28）	180.04（20.80）	5.27（0.07）
	10~20	9.80（5.97）	0.11（0.02）	67.92（31.96）	0.11（0.05）	18.09（5.01）	6.28（0.15）	133.12（13.02）	5.58（0.11）
	20~30	9.40（4.71）	0.11（0.02）	54.48（24.66）	0.12（0.05）	32.78（2.15）	6.27（0.46）	102.18（8.94）	5.74（0.30）

注：括号中的数据为标准差。

4.3.2　坝上与坝下樟子松林土壤养分含量及 pH 值的比较

樟子松人工林在塞罕坝机械林场的坝上和坝下地区都有分布。坝上及坝下地区樟子松人工林土壤养分及 pH 值如表 4-3 所示。总体来看，除速效磷外，各种土壤养分含量较为接近。坝上地区土壤有机质、全氮、碱解氮、全磷、速效磷、全钾、速效钾含量及 pH 值分别为 29.35g/kg、0.18g/kg、138.78mg/kg、0.19g/kg、69.27mg/kg、7.32g/kg、188.66mg/kg 和 5.88，坝下则分别为 26.55g/kg、0.18g/kg、120.77mg/kg、0.20g/kg、36.44mg/kg、7.41g/kg、170.41mg/kg 和 5.88。

另外，尽管坝上和坝下地区土壤养分含量总体上较为接近，但是坝下地区樟子松人工林不同林地之间土壤养分含量的差异明显大于坝上地区。坝上地区各土壤养分含量的变异系数分别为 0.49、0.40、0.44、0.34、0.35、0.22、0.23 和 0.06，而坝下则分别为 0.76、0.58、0.60、0.46、0.54、0.29、0.24 和 0.06。这主要是因为坝上地区为高原，地势较为平坦，各林分之间的立地条件差异相对较小，而坝下地形为山地，地势起伏变化比较大，立地条件的空间变异较大，因此坝下樟子松人工林不同土壤之间的差异相对较大。

表 4-3　坝上与坝下樟子松林土壤养分含量及 pH 值的比较

地点	项目	有机质 （g/kg）	全氮 （g/kg）	碱解氮 （mg/kg）	全磷 （g/kg）	速效磷 （mg/kg）	全钾 （g/kg）	速效钾 （mg/kg）	pH 值
坝上	平均值	29.35	0.18	138.78	0.19	69.27	7.32	188.66	5.88
	标准差	14.47	0.07	60.40	0.06	24.14	1.62	43.88	0.37
	最大值	56.56	0.34	250.58	0.33	127.51	9.69	300.76	6.68
	最小值	6.88	0.10	39.23	0.06	25.18	2.75	102.03	5.17
	变异系数	0.49	0.40	0.44	0.34	0.35	0.22	0.23	0.06
坝下	平均值	26.55	0.18	120.77	0.20	36.44	7.41	170.41	5.88
	标准差	20.24	0.11	72.37	0.09	19.68	2.17	41.65	0.37
	最大值	67.03	0.47	245.00	0.34	75.84	9.93	259.57	6.66
	最小值	1.31	0.08	22.65	0.03	15.05	2.27	85.38	5.41
	变异系数	0.76	0.58	0.60	0.46	0.54	0.29	0.24	0.06

4.3.3　不同养分元素与土壤有机质的关系

各种养分元素都随土壤有机质含量的增加而增加（图 4-1）。土壤全氮及碱解氮含量与土壤有机质均为显著的直线回归关系，全氮、碱解氮与土壤有机质的回归关系的决定系数分别达到了 0.807 和 0.9731，说明二者与土壤有机质的关系非常密切，土壤有机质对全氮及碱解氮的变化的解释量分别达到了 80.7% 和 97.31%。全磷与土壤有机质的关系为幂函数关系，决定系数也达到了 0.8511，而速效磷与土壤有机质的关系为直线，决定系数为 0.3827。全钾与土壤有机质的关系为对数函数关系，决定系数达到了 0.8752，而速效钾与有机质的关系为幂函数关系，决定系数也达到了 0.7521，说明钾元素与土壤有机质也有明显的相关关系。以上结果说明，各种养分元素含量与有机质都有紧密的数量关系，只是数量关系的形式不同，即各养分元素与有机质均有不同程度的正相关关系，随有机质含量的升高而升高，但各养分含量变化的程度却各不相同。有机质与全氮、碱解氮、全磷、全钾、速效钾都为显著相关，这说明土壤有机质含量的高低在一定程度上代表着全氮、碱解氮、全磷、全钾、速效钾含量的高低。因此，土壤有机质水平可作为衡量土壤养分状况的指标，通过有机质含量的测定就可以判断其总体养分含量的水平。

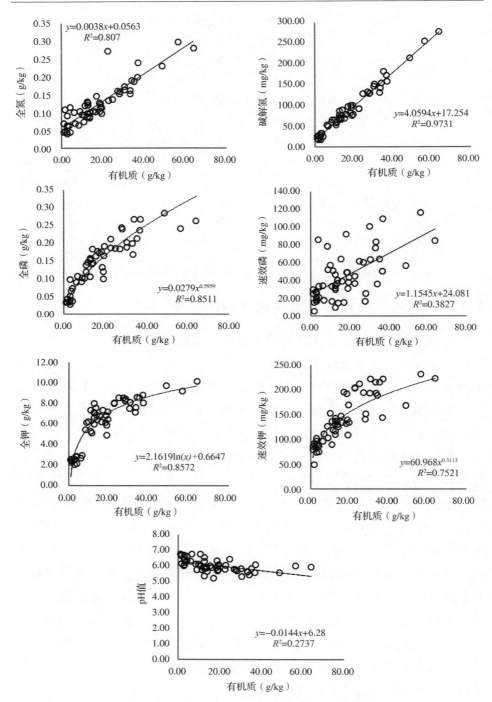

图 4-1　不同土壤养分及 pH 值与土壤有机质的关系

另外，从图 4-1 中可以看出，土壤 pH 值随土壤有机质含量的增加而呈逐渐下降的趋势。这可能是因为樟子松为常绿针叶树，其凋落物含有较多的酸性物质，土壤有机质含量越高，其 pH 值越低。

4.3.4　樟子松高生长与土壤养分的关系

树高受林分密度的影响较小，因此树高生长能够反映立地条件的优劣（韩有志等，1998；蒋德明等，2008）。塞罕坝地区樟子松人工林 20 年优势木树高与 0~30cm 土层养分含量的相关关系如图 4-2 所示。可以看出，20 年优势木树高与各种土壤养分含量都没有表现出相关关系，或者相关关

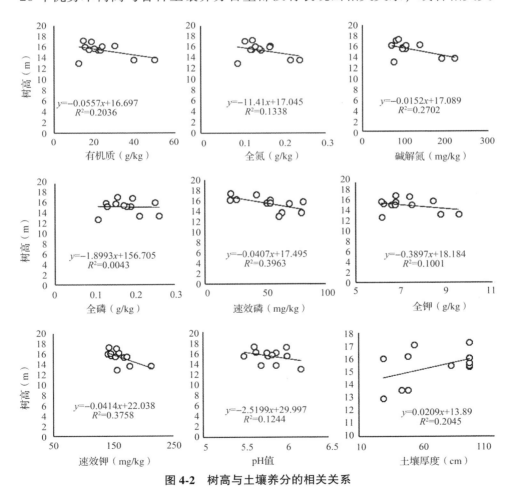

图 4-2　树高与土壤养分的相关关系

系不明显（如全磷和全钾），这说明，该地区樟子松的高生长受土壤养分含量的影响较小。这与土壤养分含量越高、立地条件越好，而林木高生长越大的观点有所不同。其原因在于：一是林木的生长受多种因素的影响，除受土壤养分的影响之外，还受地形、土壤质地及水分等诸多生态因子的影响；二是樟子松是耐贫瘠树种（沈海龙等，1995），所调查林地土壤中，即使是养分元素含量较低的土壤，也能满足樟子松生长对养分元素的要求，因此，高生长量与土壤养分元素含量未表现出明显的相关关系。

同时，从图 4-2 也可以看出，樟子松的生长与土层厚度存在正相关关系，这说明，土层越厚，樟子松的高生长量越大。对于樟子松来说，土层厚度是比土壤养分含量更为重要的指标，也说明了樟子松适宜深厚的土壤，即使是养分含量较低的土壤。邱贵福（2012）对张家口地区的不同立地条件的樟子松生长的研究也表明，阳坡厚层土上的樟子松生长量最大。这也在一定程度上说明了为什么樟子松多分布于土壤养分含量并不十分丰富的沙地上。因此，进行樟子松人工造林应该选择土层深厚的立地条件。

4.4　小　结

塞罕坝地区樟子松林土壤不同养分元素在各林分之间的变化呈现出相同的规律，都以坝上山地壤质土和坝下山地壤质土为最高，其次为坝上东曼甸沙质土和坝下山地沙质土，坝上西部曼甸沙质土和坝下平地壤质土最低。同时，不同林分之间，土壤 pH 值和全钾含量的差别相对较小，而其他养分元素差异则相对较大。塞罕坝地区坝上和坝下土壤养分含量总体上较为接近，但是坝下地区樟子松人工林不同林地之间土壤养分含量的差异明显大于坝上地区。樟子松林土壤中全氮、碱解氮、全磷、速效磷、全钾、速效钾的含量均随有机质的增加而增加，而且具有紧密的回归关系，但回归关系的形式各不同。可基于回归关系通过有机质来估测其他土壤养分元素的含量。樟子松优势木树高与土壤养分含量之间没有表现出明显的正相关关系，但优势木树高与土壤厚度有正相关关系，樟子松适宜土层深厚的立地条件，而对土壤养分含量要求不高。

第5章　塞罕坝樟子松人工林的生长规律

林木生长规律是指在一定的时期内林木增长的数量变化情况。了解塞罕坝樟子松的生长规律是实现该地区樟子松人工林可持续经营的基础。国内学者对塞罕坝地区樟子松人工林的研究较少，但是对于其他地区樟子松的研究已有一些报道。张忠等（2012）通过对榆林地区樟子松的研究发现，樟子松胸径和地径的比值范围恒定在0.67~0.75之间，胸径和地径的生长量基本呈现同步变化的趋势。树高和地径的比值范围在31.71~46.27之间，总体呈现出随着树木加粗，树高生长量逐渐变缓的规律。陈瑶等（2010）通过研究发现，胸径的连年生长量在11~14年之间达到最大值，在5.5~7.5cm之间，优势木和劣势木胸径差值可达2cm，年生长量差值在0.56~0.87cm之间。杨运来等（1997）通过对朝阳北部风沙区樟子松林的研究发现，该地区樟子松高生长和径生长同时在第12年出现高峰，19年后开始缓慢下降。材积生长量在前12年生长缓慢，之后材积生长量逐渐加快，生长旺盛状态预计可持续到40~50年。

也有一些学者对不同生长环境下樟子松生长特性进行研究，通过比较樟子松长势的优劣程度及表现出的不同生长特性和生物学特征，探索出最适宜樟子松生长的环境，掌握樟子松的生态适应性，为培育生长良好的樟子松人工林奠定了理论和实践基础。刘世增等（2003）对干旱荒漠区樟子松幼苗引种培育后发现，樟子松在种子播种后主根下扎速度较快，幼苗根系在2个月的时间里就可以深入到10cm以下的土层，这时候樟子松幼苗的抵抗力也相对增强。樟子松在一年中的生长规律表现为每年3月中旬针叶变绿，4月和5月高生长进入高峰期，6月开始高生长不再明显，随后直到9月，茎生长和根系生长进入高峰期，10月以后，针叶开始变黄。萨其日（2013）对毛乌素沙地、红花尔基沙地、那日斯太林场三个不同地区下樟子松生长规律探讨研究发现，红花尔基沙地标准木树高在前15年处于生长速生期，那日斯太林场标准木树高在20年后长势渐渐优于红花尔基沙地；在胸径方面，毛乌素沙地标准木胸径在生长期内一直处于加剧生长状态，红花尔基沙地标准木胸径在 10~15 年之间为速生期，那日斯太林场标准木胸径在 15 年后处于逐渐上升阶段；在材积方面，毛乌素沙地和红花尔基沙地标准木材积从第 10 年开始逐渐上升，到 20 年生长量明显加剧，那日斯太林场标准木材积在第 15 年才开始上升，且生长量很低。对于樟子松树高、胸径和材积长势来说，虽然不同生境下其生长情况各不相同，甚至差别较大，但总体来说沙地引种优于山地引种，樟子松更适宜在沙地生长。刘晓兰（2004）通过对塞罕坝地区坝上和坝下不同海拔高度樟子松人工林的调查发现，樟子松在坝下地区胸径年平均增长量为 0.68cm，坝上地区为 0.61cm；坝下地区树高年平均增长量为 0.39m，坝上地区为 0.32m；坝下地区经济用材出材率为 81.28%，坝上地区为 74.17%。分析表明，坝下地区林木树高、胸径和材积生长量在速生期长势明显优于坝上，樟子松更适宜在坝下地区生长。苏红军等（2005）通过对不同林分密度环境下沙地樟子松的研究表明，在林分郁闭度为 0.3~0.5 的疏林条件下，树高在第 10年左右达到速生期，且高生长量较大；林分郁闭度为 0.6 以上时，树高速生期要晚 3~5 年且高生长量也偏低。同时，樟子松单株材积生长量在疏林条件下要高于密林。焦树仁等（2002）对敖汉旗沙地樟子松幼苗引种培育并持续多年观测后发现，对于 24 年生的樟子松人工固沙林来说，胸径年平均生长量为 0.34~0.59cm，树高年平均生长量为 0.22~0.38m。马世英等（2000）对小五台山樟子松引种造林效果经过 7 年观测发现，樟子松造林成活率为 96.2%，树高年均生长量为 0.299m，基径年均生长量为 0.8cm，总体来说人工林成林快且前期绿化效果比较明显。格日勒等（2004）对毛乌素沙地樟子松幼龄林调查研究后发现，樟子松在该地生长快、适应性强，树高、胸径、材积的速生期分别在 4~15 年、6~15 年、9~21 年之间。

本章以塞罕坝地区不同立地条件下的樟子松人工林为研究对象，对樟子松的胸径、树高、材积的生长规律及生物量进行了研究，以期对塞罕坝樟子松人工林的科学经营提供科学依据。

5.1　塞罕坝樟子松人工林的生长规律研究

5.1.1　研究方法

　　在塞罕坝樟子松人工林区内，通过前期实地调研和考察，选择有不同代表性的林分设置标准地，根据标准地内特定年龄的优势木平均树高来划分不同地位级条件，以便于樟子松的分类系统研究，详细调查不同标准地下林木各个生长因子，分析不同地位级条件不同林龄条件下樟子松生长规律。

　　标准地设置：根据研究目的和前期调查分析的结果，在塞罕坝机械林场中选取 27 块标准地，即 11 块位于坝下地区的大唤起分场、16 块位于坝上地区的千层板分场，每块标准地面积为 600m²，在个别地势不容易取样的地方设置 400m² 的标准地。标准地的选取涵盖了不同的林分密度、不同的土层厚度、不同的海拔条件以及 0～10 年、10～20 年、20～30 年、30～40 年、40～50 年之间不同的林龄(表 5-1)。在每块标准地内借助罗盘仪和卷尺划取标准地边界，分别用 X 轴和 Y 轴来表示，并依次确定坐标内每株樟子松的位置。用 GPS 和手持罗盘测定标准地的坐标、海拔、坡度等地理因子，依次详细记录。

表 5-1　樟子松林各标准地基本情况

地区	标准地	林龄 （年）	平均胸径 （cm）	林分密度 （株/hm²）	土层厚度 （cm）	海拔 （m）
	D1	41	26.9	350	50	1430
	D2	38	24.7	433	30	1418.4
	D3	44	23.7	500	55	1451.4
	D4	41	17.7	1275	50	1524.5
	D5	40	17.5	1750	55	1547
坝下	D6	10	6.8	1467	100	1211.2
	D7	10	5.4	875	100	1343.5
	D8	33	22.6	667	80	1046.2
	D9	33	21.7	650	100	1055.5
	D10	10	7.7	525	100	1394
	D11	10	8.5	1775	40	1394

（续）

地区	标准地	林龄 （年）	平均胸径 （cm）	林分密度 （株/hm²）	土层厚度 （cm）	海拔 （m）
坝上	Q1	40	26.2	417	100	1543
	Q2	30	15.1	2033	100	1511.1
	Q3	15	6.8	3067	100	1530.8
	Q4	45	26.7	417	100	1537.7
	Q5	7	5.0	500	60	1566.8
	Q6	46	23.1	733	100	1635.8
	Q7	39	19.9	1417	100	1628
	Q8	21	12.0	2417	100	1489.6
	Q9	30	15.3	1600	40	1547.3
	Q10	36	21.2	667	30	1568.5
	Q11	9	5.5	2533	85	1666.9
	Q12	29	13.5	2833	46	1525
	Q15	31	14.4	2433	45	1726
	Q16	30	15.2	2917	50	1726.1

林分因子调查：调查每块标准地内樟子松的胸径、树高、冠幅、林龄等因子。

树干解析：通过分析各个标准地中胸径、树高的平均值以及最高值，依次在每块标准地中选择一株标准木和一株优势木进行树干解析，标准木要选取胸径数值为标准地平均胸径的樟子松，优势木的选取采用最高株法，即选取样地中树高最高的一株为优势木，在符合第一项选择的同时，两株解析木的选择还都要具备生长状态良好且没有断梢的特点。

确定好解析木后，就要进行解析木伐倒和解析木测定过程。在伐倒前要先在树干 1.3m 处（即测量胸径处）标明解析木胸高位置，确定北向并在树干上明显位置标明，确定根颈位置，从根颈处平整的伐倒解析木。解析木伐倒后，精确测量树高、枝下高和各轮枝高度，然后去掉树干上所有轮枝，根据树高高度将树干分段，截取圆盘。

圆盘的截取是为了求取材积，选用中央断面区求积法，在树干每个区分段的中点截取圆盘，再分别计算每个区分段的材积量后，累计相加即为解析木的材积量。区分段的划分标准为，树高小于 10m 时，区分段长为

1m 一段；树高大于 10m 时，区分段长为 2m 一段，同时在树干基部和树高
1.3m 处也需各截取一个圆盘，在所余不足一个区分段长度的梢头处也需
截取圆盘并记录梢头长度。

　　圆盘截取时应尽量垂直于树干轴，厚度以 5cm 上下为宜，以方便日后
内业研究，同时要标记好区分段中点位置，以此作为查数年龄和测量直径
的工作面。以树干基部圆盘为 0 号开始按顺序编号，同一株树的圆盘收在
一起，把各个标准地中标准木和优势木的圆盘分类标记带回实验室进行
测量。

　　地位级划分：本文在研究樟子松生长规律时对不同标准地进行了地位
级划分，地位级划分法是利用林分高度来评价立地质量的直接评定方法。
一般来说，地位级划分是根据标准地内林分树高来划分不同等级，一般分
为 5~7 级。地位级划分是一种数量指标，根据标准地内特定年龄的优势木
平均树高来划分不同等级的，表示的是特定基准年龄下林分中优势木的平
均树高(王超群，2013)。本文在樟子松生长规律研究中，根据实际测量的
各个标准地中在 25 年时优势木的树高生长情况，以树高 9m 为分界值，将
其划分为 2 个地位级，以便于樟子松的分类系统研究，比较不同生长情况
下各生长因子的变化规律(表 5-2)。

表 5-2　标准地地位级划分表

地位级	树高范围(m)
I	≥9
II	<9

5.1.2　研究结果

5.1.2.1　不同地位级樟子松胸径生长过程

　　不同地位级樟子松标准木胸径的连年生长量呈现出一致的规律性(图
5-1a)。其连年生长量在 10 年生之前呈逐年增加的趋势，在 9~10 年生达
到高峰，之后逐年下降，到 20 年生时，年生长量降到最低水平，之后虽
有波动，但维持在一个相对稳定的水平。I 地位级樟子松标准木胸径的连
年生长量在第 9 年生时达到最高值，约为 1.1cm/年；II 地位级在第 10 年
生时达到了最高值，约为 0.96cm/年。樟子松胸径连年生长量的这种变化

主要与林木之间竞争强度的变化有关。10 年之前，樟子松树冠相对较小，林木之间的竞争相对较弱，胸径连年生长量呈逐渐增加的趋势，10 年之后，随着樟子松树冠的增大，林木之间的竞争逐渐加剧，胸径连年生长量呈逐年下降的趋势。因此，樟子松在 10 年生之后，应进行适时的抚育间伐，以促进胸径的生长。

由图 5-1b 可以看出，Ⅰ地位级的樟子松标准木胸径平均生长量在第 18 年生时达到了最高值，约为 0.62cm/年；Ⅱ地位级胸径平均生长量在第 20 年生时达到了最高值，约为 0.47cm。无论是连年生长量还是平均生长量，Ⅰ地位级条件下的樟子松标准木都明显高于Ⅱ地位级。

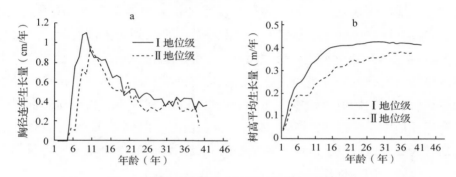

图 5-1　标准木胸径的连年生长量和平均生长量

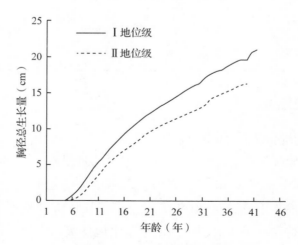

图 5-2　标准木胸径总生长量

　　另外，从图 5-2 可以看出，在两种不同地位级下，樟子松标准木胸径总生长量都是在生长初期（约 20 年生之前）快速上升，之后随着年龄的增加，生长趋势变缓。

　　樟子松优势木的生长过程与标准木类似。在 10~15 年生之前，胸径连年生长量呈快速增加的趋势，在 10~15 年之间达到峰值，约为 1.20cm/年，之后呈现出明显的下降趋势，在 20 年生之后，胸径连年生长量趋于相对平稳。Ⅰ地位级条件下樟子松优势木胸径连年生长量平均值要高于Ⅱ地位级，最大高出约 0.20cm（图 5-3a）。

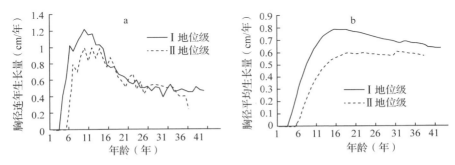

图 5-3　优势木胸径的连年生长量和平均生长量

　　优势木胸径平均生长量在不同地位级条件下表现出相似的规律（图 5-3b）。Ⅰ地位级条件下，樟子松优势木胸径的平均生长量在第 16 年生达到了最高值（0.79cm/年）；Ⅱ地位级条件下，樟子松优势木胸径的平均生长量在第 19 年生达到了最高值（0.60cm/年）。Ⅰ地位级条件下的樟子松优势木胸径平均生长量比Ⅱ地位级要高，最大高出 0.20cm。

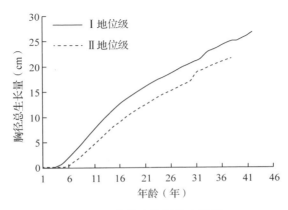

图 5-4　优势木胸径总生长量

由图 5-4 可以分析出，两种不同地位级的优势木的胸径总生长量都是在生长初期快速上升，之后随着年龄的增加，总生长量增加趋势变缓，在 20 年生之前为樟子松胸径速生期。同时，Ⅰ 地位级条件下，樟子松优势木胸径的总生长量明显高于 Ⅱ 地位级，且生长速率也相对较快，Ⅰ 地位级条件下的樟子松优势木胸径总生长量比 Ⅱ 地位级条件下平均要高 5cm 左右，可见地位级对樟子松优势木胸径的生长速率和总生长量具有明显影响。

5.1.2.2　不同地位级樟子松树高生长过程

由图 5-5a 可以看出，不同地位级标准木树高的连年生长量变化虽有差异，但变化规律一致。樟子松标准木树高的连年生长量与胸径有所不同。樟子松树高的连年生长量在 12~13 年生之前呈逐年增加的趋势，12~13 年生左右达到最高值，之后有所下降，但下降幅度较小，最后维持在一个相对稳定的水平。对于 Ⅰ 地位级下的标准木来说，在前 8~15 年生是樟子松树高生长的旺盛期，在这个生长阶段，树高连年生长量均在 0.48m 以上，并在第 12 年生时达到了最高值 0.58m/年。而 Ⅱ 地位级条件下，樟子松标准木树高连年生长量在 20 年生时达到了最高值，约为 0.65m/年，之后逐渐下降并趋于稳定。

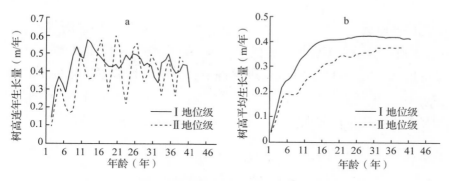

图 5-5　樟子松标准木树高的连年生长量和平均生长量

对于樟子松标准木树高平均生长量(图 5-5b)，在两种地位级条件下生长趋势都呈现出先快速增加而后趋于平缓的趋势。前 5 年，树木生长速率增加较快，之后增加速率逐渐趋缓，到 20 年左右趋于稳定。Ⅰ 地位级条件下樟子松标准木树高平均生长量约为 0.4m/年，Ⅱ 地位级约为 0.35m/年。

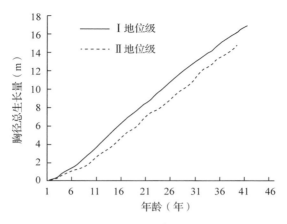

图 5-6　标准木树高总生长量

由图 5-6 可以看出，在不同地位级条件下，樟子松标准木树高总生长量的生长规律相似，在 5 年生之前，树高总生长量变化缓慢，之后增长速度加快。樟子松生长曲线在 5~8 年之后趋近于直线，说明在该年龄之后，樟子松的高生长速率较为稳定。25 年生樟子松标准木，Ⅰ地位级下的树高总生长量约为 10.53m，Ⅱ地位级下树高生长总量约为 8.63m，二者相差约 1.9m。

另由图 5-7a 可以看出，樟子松优势木树高连年生长量呈波动的趋势，Ⅰ地位级下樟子松树高连年生长量在前 11 年呈逐渐增加的趋势，在 11 年生左右达到最大值，约为 0.70m/年，而后趋于稳定；Ⅱ地位级下樟子松树高连年生长量的变化也有相似的规律，在 12 年之前呈逐渐增加的趋势，

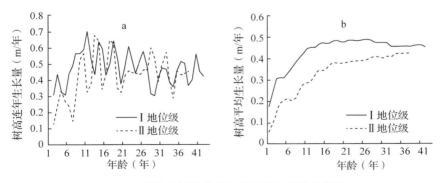

图 5-7　优势木树高的连年生长量和平均生长量

在 12 年生左右达到最大值，约为 0.57m/年，而后略有下降，趋于稳定。

樟子松优势木树高平均生长量生长规律和标准木相似，都呈现出先快速增加再趋于平缓的趋势。在树木生长的前 5 年，树木生长速率增加较快，之后生长速率变缓，到 20 年生左右趋于稳定。Ⅰ 地位级条件下樟子松标准木趋于稳定后树高平均生长量约为 0.45m/年，Ⅱ 地位级约为 0.38m/年。

由图 5-8 可以看出，樟子松优势木树高总生长量在两种不同地位级条件下呈现出相似的生长规律，在树木生长的前 5 年，高生长较为缓慢，5 年之后，总生长量呈直线上升趋势。在 Ⅰ 地位级条件下，樟子松优势木树高的总生长量明显高于 Ⅱ 地位级。如 35 年生樟子松优势木，Ⅰ 地位级下树高总生长量平均值为 15.49m，Ⅱ 地位级下树高总生长量约为 14.35m。

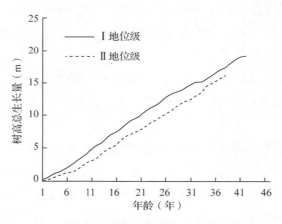

图 5-8 优势木树高总生长量

5.1.2.3 塞罕坝与其他地区樟子松的生长状况比较

由表 5-3 可见，塞罕坝樟子松的胸径及树高的总生长量及生长速率高于同年龄其他多数地区的樟子松，仅低于东北林业大学帽儿山试验林场。塞罕坝地区 32 年生樟子松的高生长量为 13.2m，为红花尔基的 1.59 倍；37 年生樟子松的高生长量为 14.8m，为科尔沁沙地南缘章古台地区的 2.03 倍。以上结果说明，塞罕坝樟子松人工林的生长状况明显优于其他大多数地区，该地区的气候及立地条件适宜营造樟子松林，樟子松可以作为该地区大力发展的一个树种。

表 5-3　不同地区樟子松生长状况比较

地点	年龄 （年）	胸径总 生长量 （cm）	胸径连年 生长量 （cm/年）	树高总 生长量 （m）	树高连年 生长量 （m/年）
呼伦贝尔沙地红花尔基 （姜凤岐等，1996）	32	10.6	0.4	8.3	0.31
东北林业大学城市林业 示范研究基地（薛佳梦 等，2013）	32	13.5	0.28	11.1	0.25
内蒙古凉城县章古台镇 （杨美灵，2008）	25	10.2	0.2	8.6	0.42
东北林业大学帽儿山试 验林场（陈瑶，2010）	25	15.6	0.45	13.1	0.55
乌兰察布市西南部那日 斯太林场（赵塔娜，2007）	25	11.9	0.52	6.8	0.28
科尔沁沙地南缘章古台 （孟鹏，2013）	37	13.5	—	7.3	—
塞罕坝	32	17	0.42	13.2	0.35
	25	14.2	0.45	13.6	0.48
	37	17.6	0.4	14.8	0.42

5.1.2.4　樟子松高生长过程分析

　　林木的高生长受其自身特征（如年龄）及环境因素的共同影响。优势木是林分中处于优势地位的林木，其生长过程受其他林木的影响相对较小，能够反映樟子松的生长潜力及特征。

　　两株优势木由于年龄不同，生长过程中经历的环境（主要是气候条件）也有所不同，但两株不同年龄的优势木在相同的年龄阶段表现出相似的高生长过程（图5-9）。总体上为在生长周期最初的10年内，高生长量随年龄的增加急剧增加，到10年生时达到最大值，处于快速高生长阶段，这种快速生长持续时间为10~15年（即10年生到25年生之间），之后有一定程度的下降，呈波动性生长。由于高生长，尤其是优势木的高生长受林分密度影响较小，因此这种变化基本可以排除受林分密度的影响。而且，由于其所经历的气候年际变化有所不同，这种高生长量的变化可以认为是由樟子松自身生物特性决定的一种生长模式。

　　两株优势木高生长过程的相关性还可以从图5-10中得到验证。两株优

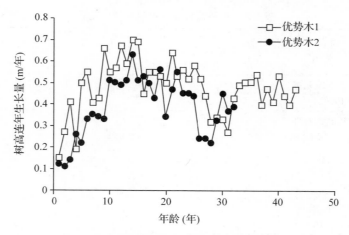

图 5-9 不同优势木相同年龄生长过程比较

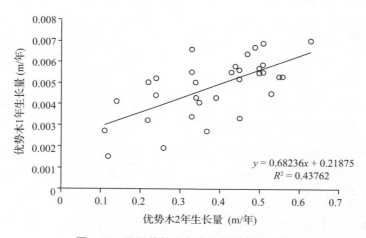

$y = 0.68236x + 0.21875$
$R^2 = 0.43762$

图 5-10 不同优势木年高生长量的相关性

势木在相同年龄时的生长量具有明显的相关关系。同时，樟子松的高生长也受到环境条件(气候)的影响。图 5-11 中，在 1995 年之后的 20 年中，两株优势木的高生长波动具有明显的一致性。其原因在于，两株优势木在相同的年份经历的环境(气候)变化是一致的，因此，尽管两株优势木年龄不同，但其生长的波动表现出明显的一致性。

樟子松的生长体现在高生长及径生长上。二者生长的物质及能量基础都来自于叶片的光合作用，而光合作用受到温度及降水等气候因素的影响，因此气候对高生长及径生长都会产生影响，但是二者表现不同。图 5-12

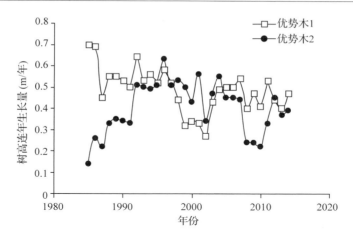

图 5-11　不同优势木相同年份生长过程比较

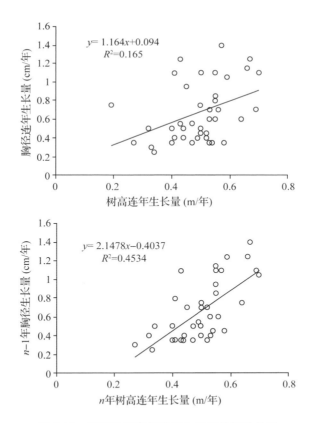

图 5-12　樟子松树高与胸径生长量的相关关系

中两个关系图分别为樟子松同一年份高生长与径生长及当年高生长与前一年径生长的相关分析。对比可以看出，樟子松当年高生长与前一年径生长的相关性，明显高于同一年份高生长与径生长的相关性。这说明高生长与径生长对气候条件的反应不同。樟子松的径生长量与当年的气候条件相关，当年的热量条件好，光照充足，尤其是降水量大（在塞罕坝地区降水是一个限制因素），则樟子松的径生长量就大。高生长则有所不同，樟子松属于短速型生长，其高生长量取决于前一年的光合作用产物的积累（周晓峰等，1981；许中旗等，2009）。在某一年份，降水量大，光照充足，热量条件好，光合作用产物积累充足，会形成饱满顶芽，则翌年会有较大的高生长量，反之，高生长量较低。

5.1.2.5　不同地位级樟子松材积生长过程

　　樟子松标准木材积连年生长量的波动较大，平均生长量生长趋势图波动较小，基本为平滑曲线。从图中也可以看出，两个地位级条件下，樟子松平均生长量和连年生长量均未出现交点，由此可以判断出，林木在40～45年之间尚未达到数量成熟，材积生长量依然在快速积累中。

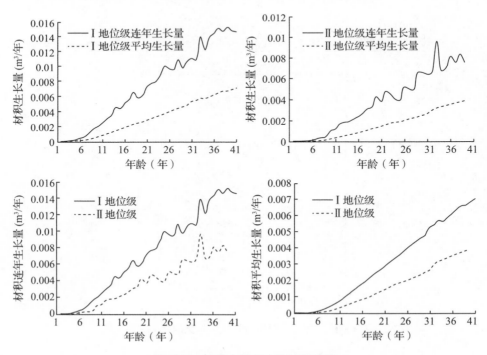

图 5-13　标准木材积生长过程曲线

不同地位级樟子松标准木材积的连年生长量呈明显的波动性增长趋势，在10年之前，增长的趋势较为平缓，10年之后，增长的速率明显增加。Ⅰ地位级条件下，樟子松标准木材积连年生长量明显高于Ⅱ地位级，且连年生长量增加的速率也相对较快。Ⅰ地位级条件下樟子松标准木材积的连年生长量在第39年时达到了最高值0.0152m³，Ⅱ地位级条件下樟子松标准木材积的连年生长量在第33年时达到了最高值0.0096m³。Ⅰ地位级条件下樟子松标准木材积平均生长量同样高于Ⅱ地位级（图5-13）。Ⅰ地位级樟子松标准木材积平均生长量在第30年时为0.0048m³，Ⅱ地位级樟子松标准木材积平均生长量则为0.0025m³。

在两种不同地位级的情况下，樟子松标准木材积总生长量均随着年龄的增大而增加，在10年生之前，增长的速度较慢，10年之后材积总生长量急剧增加（图5-14）。Ⅰ地位级樟子松标准木材积的总生长量明显高于Ⅱ地位级，且随年龄的增加，其差距逐渐增加。Ⅰ地位级樟子松20年生时的总生长量为0.0528m³，Ⅱ地位级则为0.0267m³，二者相差0.0261m³；30年生时，Ⅰ地位级为0.1340m³，Ⅱ地位级则为0.0690m³，二者相差0.0650m³。

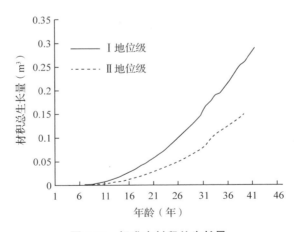

图5-14 标准木材积总生长量

与标准木相似，樟子松优势木材积连年生长量也呈明显的波动性增长趋势，而平均生长量则波动较小，呈明显的增加趋势（图5-15）。两个地位级条件下樟子松平均生长量和连年生长量在40年之前均未出现交点，因此，优势木也尚未达到数量成熟，材积生长量依然在快速积累中。

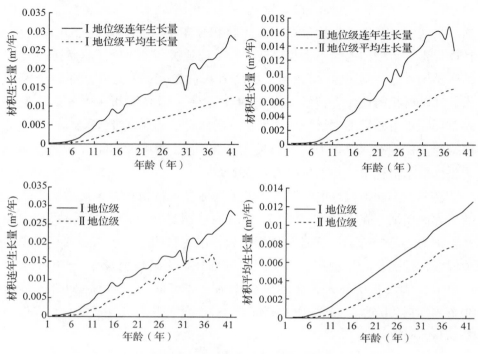

图 5-15　优势木材积生长过程曲线

Ⅰ地位级条件下樟子松优势木材积连年生长量高于Ⅱ地位级。Ⅰ地位级条件下樟子松优势木材积的连年生长量在第 41 年时达到了最高值 0.0287m³，Ⅱ地位级条件下樟子松标准木材积的连年生长量在第 37 年时达到了最高值 0.0166m³。Ⅰ地位级条件下樟子松优势木材积平均生长量也明显高于Ⅱ地位级。35 年生时，

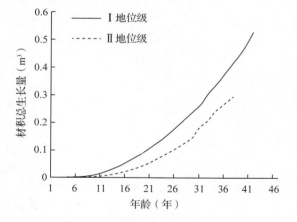

图 5-16　优势木材积总生长量

Ⅰ地位级条件下樟子松优势木材积平均生长量为 0.0099m³，Ⅱ地位级则为 0.0071m³，前者为后者的 1.39 倍。

　　樟子松优势木材积总生长量均随着年龄的增大而增加，与标准木相似，同样是 10 年之前，材积增长的速度较慢，10 年之后材积增加的速度急剧增加(图 5-16)。Ⅰ地位级樟子松优势木材积的总生长量明显高于Ⅱ地位级，且随年龄的增加，差距逐渐变大。20 年生时，Ⅰ地位级樟子松的总生长量为 0.0919m³，Ⅱ地位级则为 0.0463m³，二者相差 0.0456m³；35 年生时，Ⅰ地位级为 0.3460m³，Ⅱ地位级则为 0.2495m³，二者相差 0.0965m³。

5.1.2.6　樟子松树冠生长规律

　　树冠是树木进行光合作用的重要场所，树冠生长规律特点研究是林分结构的重要内容之一，树冠大小直接影响树木的生长和树干形状(郭孝玉，2013；欧光龙等，2014)，其结构决定了树木的生活力、生产力及生态效益的发挥，在树木生长过程中，其是反映树木长期竞争水平的重要指标之一(刘兆刚等，2005；肖锐，2006；刘艳艳，2005)。

　　通过分析样地中樟子松树冠生长情况，发现樟子松的冠幅随着年龄的增加也会呈现出明显的增大趋势，二者呈显著的直线相关关系(图 5-17)，即樟子松的冠幅随着林木年龄的增加呈直线增加的趋势。

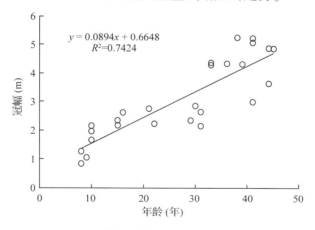

$$y = 0.0894x + 0.6648$$
$$R^2 = 0.7424$$

图 5-17　樟子松年龄与冠幅的相关关系

　　另外，从图 5-18 可以看出，樟子松的树冠在 4 个方向的生长并不均衡。南侧的冠幅较大，在西侧和北侧的冠幅相对较小，在东侧的居中。这主要是由于南侧树冠能够得到更多的太阳辐射，光合作用旺盛，合成的干物质更多，侧枝也更发达。同时，由于人工林年龄的不断增加，林木个体之间的竞争也会逐渐变得激烈，从而导致部分林木得不到向四周自由发展的条件，就会利用空隙中其他可以利用的空间来生长，这就出现了树冠生长的偏倚不均衡现象。

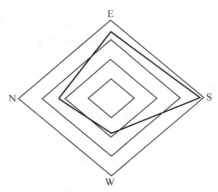

图 5-18　樟子松树冠冠幅分布图

因为树冠是林木进行光合作用的场所，所以树冠大小对林木的生长具有明显影响。当由于竞争导致林木枝条的自然稀疏加剧，树冠缩小时，林木的生长速率会明显下降，因此，在林分经营过程中应对密度进行适时调整，以维持正常的生长速率和良好的冠型。按照《樟子松造林技术规程》（DB/T 880—2007），其造林密度在 1000~2500 株/hm²。从表 5-4 可以看出，10 年生幼树的冠幅最大达到 2m 左右，如果造林密度达到 2500 株/hm²，其株行距为 2m，这时相邻林木的树冠已经相互交叉，林木之间的竞争逐渐加剧，其冠型将发生变化。如果造林的目的是培养大苗，造林后 10 年左右应进行适当的间伐，以维持饱满的冠型。

表 5-4　樟子松造林技术规程（DB/T 880—2007）规定的造林密度

密度（株/hm²）	平均单株冠幅（m）
1000	3. 16×3. 1
1650	2. 46×2. 46
1800	2. 36×2. 36
2500	2. 00×2. 00

5.1.2.7　樟子松自然整枝规律

目前，对于世界上主要速生用材树种，有很多在自然整枝规律和人工整枝技术方面的研究，一些理论技术已经在人工林培育中进行了充分的实践（宋鸽等，2013；王海东，2015）。关于林分修枝效应的研究表明，在清楚人工林自然整枝规律的基础上，了解树种生长特性，并辅以最佳培育技术才能促进人工林生长，合理控制林分生长密度，提高人工林蓄积量及木材质量（孙洪刚，2014）。自然整枝形成的枯枝如果不能及时去除，会影响的樟子松主干材质。因此，应对发生明显自然整枝的樟子松及时进行人工整枝。

樟子松是喜光树种，自然整枝强烈。从图 5-19 可以看出，自然整枝高度与树高呈明显的直线相关关系，且相关关系达到了显著水平。樟子松林分在树高达到 3m 以上时，林木树冠下部开始出现明显的自然整枝，而后随着林木高度与林分郁闭程度逐渐增加，自然整枝的高度也逐渐上升。根据自然整枝高度与林木高度的关系建立樟子松人工林人工整枝高度表（表5-5），进行人工整枝时，可依据此表确定合理的整枝高度。

同时，从图 5-20 可以看出，樟子松自然整枝轮枝数与林木的年龄也呈明显的直线相关关系。即在现有的森林经营密度条件下，自然整枝强度与林木的年龄密切相关，可根据林木的年龄大致判断枯死的轮枝数，以确定人工整枝的强度。如以 20 年生樟子松为例，其枯死轮枝数大概为 8 个，修枝时应去掉树干最下面的 8 个轮生枝条。

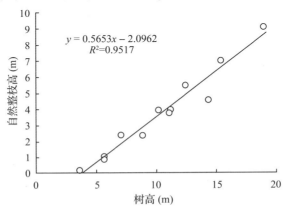

图 5-19　樟子松自然整枝高度与林木高度

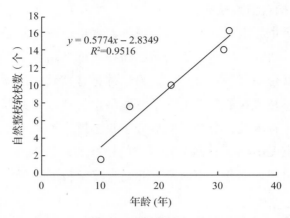

图 5-20　樟子松自然整枝轮枝数与林木年龄

表 5-5　樟子松人工林人工整枝高度

林木高度（m）	人工整枝高度（m）
5	0.70
6	1.30
7	1.90
8	2.50
9	3.00
10	3.50
11	4.00
12	4.70
13	5.20
14	5.80
15	6.40
16	7.00
17	7.50
18	8.00
19	8.60
20	9.20

5.1.2.8　樟子松的高径比

高径比是指树高与胸径的比值（H/DBH）。高径比的大小直接影响木材的干型、材质及林木抗风能力。一般认为，林木的高径比不应大于100，否则意味着林木干型过于细长，其抗风倒及风折的能力较差，出材量较低，高径比可作为判断林分密度是否适宜，是否需要进行抚育间伐的重要参考指标。

（1）高径比与立地条件、林分密度及林分年龄的关系

从表 5-6 中看出，Ⅰ 地位级的高径比为 74，Ⅱ 地位级的高径比为 66，说明优质立地条件上樟子松的高径比更高。这是由于樟子松的树高主要受立地条件的影响，立地条件越好，樟子松的树高越大，立地条件越差，樟子松的树高越小。从图 5-21 中可以看出，无论标准木还是优势木，樟子松的高径比与林分密度没有明显的相关关系。随着密度的增加，林木的高径

表 5-6　高径比与地位级的关系

地位级	高径比
Ⅰ	74
Ⅱ	66

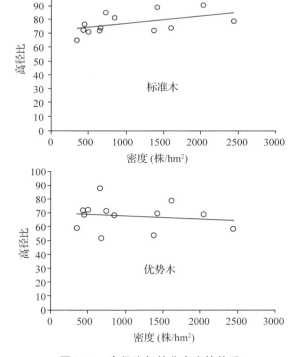

图 5-21　高径比与林分密度的关系

比基本表现为一条水平的直线。这一方面可能说明樟子松的高径比对林分密度并不敏感；另一方面，也可能是由于图中的密度是林分当前密度，而林木高径比的形成与其生长过程中的密度有关，而与当前密度关系不大。关于樟子松高径比与林分密度的关系需要进一步进行研究。从图 5-22 中可以看出，樟子松的高径比在 50~90 之间，但与树龄没有明显的相关关系。随年龄的增加，高径比表现为一条水平的直线，说明不同年龄林木的高径比基本稳定在 70 上下。

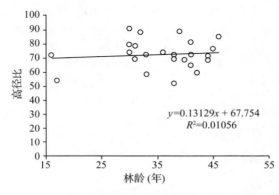

图 5-22 高径比与林龄的关系

（2）优势木与平均木高径比的差异

从图 5-23 中看出，优势木的高径比比标准木要小，标准木的高径比在 64.97~90.85 范围之间；优势木的高径比在 59.49~88.18 范围之间；优势木的平均高径比为 68.01，而标准木的平均高径比为 76.97。这是由于优势木在林分中处于优势地位，其径生长受林分之间的竞争影响较小，导致尽管其树高高于标准木，但其高径比仍低于标准木。

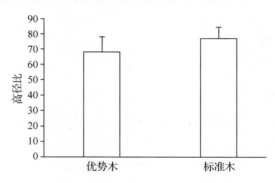

图 5-23 优势木与标准木的高径比

5.1.3　讨　论

樟子松作为塞罕坝地区主要建群树种，其生长规律受当地气候和环境的影响，表现出在该地区特有的生长规律。本研究以塞罕坝机械林场樟子松为对象，分析樟子松人工林生长规律，讨论樟子松胸径、树高、冠幅之间的相关关系，为培育高材积产量人工林提供科学依据。

本研究发现，塞罕坝樟子松胸径的连年生长量在最初的 10 年内呈逐年增加的趋势，在 9~10a 生达到最大值，为 0.90~1.20cm/年，之后逐渐下降，到 20 年生之后趋于稳定，年生长量为 0.4~0.5cm/年。与胸径相似，樟子松树高的连年生长量也在 12~13 年生之前呈逐年增加的趋势，12~13 年生达到最高，年生长量可达 69.99cm/年，之后略有下降，然后趋于稳定，在 40cm/年上下波动。罗玲等（2008）的研究发现，榆林沙区樟子松人工林胸径在 8~20 年之间为生长速生期，树高在 7~18 年之间为生长速生期，材积在 10~24 年之间为生长速生期，冠幅在 7~19 年之间为生长速生期。樊晓英等（2008）对毛乌素沙地樟子松调查研究发现，樟子松生长最快的阶段在 20 年前后。朱万才等（2015）研究发现，大兴安岭樟子松人工林树高速生期在 18 龄之前，胸径和材积速生期在 20 年之前。黎承湘等（1991）关于樟子松树高的研究也表明，樟子松在 1~5 年期间生长缓慢，在 6~16 年之间进入生长旺盛期，在 22 年时，高生长量开始减小，且在不同立地条件下高生长量有所不同。由此可知，其他地区樟子松的生长规律与塞罕坝较为相似。

本研究通过比较樟子松胸径和树高相关关系，发现樟子松当年高生长与前一年径生长之间有相关关系。樟子松的径生长量与当年的气候条件相关，当年的热量条件好，光照充足，尤其是降水量大的情况下樟子松的径生长量就大。樟子松的高生长量取决于前一年的光合作用产物的积累，若某一年份降水量大，光照充足，热量条件好，光合作用产物积累充足，会形成饱满顶芽，则翌年会有较大的高生长量。何吉成等（2005）通过研究表明，樟子松材积生长量与当年 6 月气温相关。陆小明（2007）研究大兴安岭地区樟子松发现，樟子松径生长的主要限制因子是当年 1 月、6 月降水量。王晓春等（2011）对满归和蒙克山的樟子松研究发现，前一年 10 月气温是限制樟子松径生长的主要因子。邵雪梅等(1999)也认为,当年6月气温与林木径生长相关关系显著。这些与本研究得到的结果一致。另外,温暖的冬季对于树木生长期有促进延长作用,并可以为林木翌年生长积累充足养分,增大生长潜力,使翌年径生长加快。关于这部分,有待进一步观测分析,以便得出更加全面的结论。

对樟子松人工林生长规律进行研究,可以提出科学有效地人工林经营管理技术,提高造林成活率,满足绿化和生产需要,从而取得良好地生态效益和经济效益,有重要地实践和指导意义。

5.1.4　小　结

樟子松胸径的生长规律为,Ⅰ地位级条件下樟子松在速生期的连年生长量高于并早于Ⅱ地位级条件下樟子松,40年左右二者总生长量相差5cm左右。樟子松林在10~20年之间,应适时进行抚育间伐,促进胸径的生长。樟子松树高的生长规律为,Ⅰ地位级樟子松树高生长速度超过Ⅱ地位级树高生长速度,40年左右时,Ⅰ地位级树高总生长量明显高于Ⅱ地位级树高1~2m。樟子松当年高生长与前一年径生长之间有明显的相关关系,是因为樟子松径生长与当年气候条件相关,而高生长量取决于前一年光合作用产物的积累。材积的连年生长量在40年之前一直呈现逐渐增加的趋势,在10年之前,增加的速率较低,10年之后,增长加速。两种地位级条件樟子松在40年仍处于材积快速生长期,尚未达到数量成熟。樟子松是喜光树种,自然整枝强烈。其中,自然整枝高度与林分高度呈明显的直线相关关系,自然整枝枯死轮枝数与林木的年龄也呈明显的直线相关关系。樟子松树冠冠幅和年龄呈显著的直线相关关系,由于受到竞争和自然因子等影响,树冠生长出现偏倚不均衡现象。樟子松的高径比在50~90之间,其中Ⅰ地位级条件下樟子松高径比高于Ⅱ地位级,优势木高径比低于标准木。部分林分高径比偏低,可通过适当提高林分密度来提高高径比,获得良好干型和出材率。

5.2　塞罕坝樟子松的生长模型

建立林木的生长模型有助于提高对林木生长规律的认识,以及对林木

未来生长状况的预测。陈瑶等（2010）对佳木斯地区的樟子松研究发现，用
Richards 方程拟合胸径生长较好，胸径连年生长量达到最大的时间在 11～
14 年之间。罗玲等（2008）的研究表明，Logistic 方程可以较好地拟合榆林
沙区不同立地条件下樟子松树高和胸径的生长过程，且能较好地反映出立
地条件对樟子松生长的影响。本节对塞罕坝樟子松适宜的生长模型进行了
分析。

5.2.1　研究方法

　　2014 年 8～9 月，在前期调查和实地考察的基础上，针对塞罕坝机械
林场的樟子松人工林林分情况，用典型取样的方法，在林场所属的大唤起
分场、千层板分场、北曼甸分场、三道河口分场，选取不同年龄、不同立
地条件的樟子松林，设置样地 28 块，样地面积为 600m²。在每一样地内进
行每木检尺，调查内容包括坐标、胸径、树高、枝下高、冠幅等。胸径采
用胸径尺，树高采用勃鲁莱测高器，冠幅采用皮尺进行测定。在样地内根
据每木检尺数据，选择标准木和优势木，进行树干解析。根据树干解析的
结果，以 25 年时各个样地优势木树高将该地区的樟子松人工林分为两个
地位级，高于 9m 为Ⅰ地位级，低于 9m 为Ⅱ地位级。利用 Forstat 分别建
立两种立地条件的胸径、树高、材积生长的最优模型。

5.2.2　研究结果

5.2.2.1　樟子松生长模型的拟合

　　不同地位级樟子松生长模型如表 5-7 所示。两种地位级下，樟子松优
势木及标准木的胸径生长过程可以用对数模型进行很好地拟合，相关系数
达到了 0.96 以上，而树高和材积生长过程能够用 Richards 模型进行很好地
拟合，相关系数达到 0.91 以上，均达到极显著水平（$P < 0.01$）。陈瑶等
（2010）的研究表明，佳木斯地区樟子松的胸径生长用 Richards 方程拟合效
果较好。榆林沙区樟子松林木树高和胸径生长过程则以 Logistic 方程拟合
效果较好。不同地区樟子松生长模型的差异，反映了不同地区樟子松生长
过程的差异，而生长过程的差异则反映了各地气候条件的差异。佳木斯属
于中温带大陆性季风气候，榆林属于温带半干旱大陆性季风气候，塞罕坝

则属于寒温带大陆性季风型高原山地气候，气候的不同导致了樟子松生长过程的差异。

　　另外，Richards 方程中各个参数具有明显的生物学意义，其中 A 值为林木生长的平均极值（段爱国等，2003）。由表 5-7 可以看出，Ⅰ 地位级优势木树高生长模型的 A 值为 27.35，Ⅱ 地位级优势木则为 20.53，Ⅰ 地位级林木树高生长的极值明显大于 Ⅱ 地位级，这表明 Richards 模型能够真实反映地位级之间林木生长潜力的差异，适用性较好。

表 5-7　塞罕坝地区樟子松的生长模型

地位级	林木	指标	模型	A	b	c	r
Ⅰ	优势木	胸径	$y = A + b \times \mathrm{Log}(t+c)$	−28.05	14.15	2.00	0.96
		树高	$y = A \times (1-e^{-c \times t})^b$	27.35	1.59	0.04	0.98
		材积	$y = A \times (1-e^{-c \times t})^b$	2.04	3.92	0.03	0.99
	标准木	胸径	$y = A + b \times \mathrm{Log}(t+c)$	−24.34	11.90	2.00	0.96
		树高	$y = A \times (1-e^{-c \times t})^b$	18.94	2.20	0.06	0.98
		材积	$y = A \times (1-e^{-c \times t})^b$	1.27	3.58	0.03	0.92
Ⅱ	优势木	胸径	$y = A + b \times \mathrm{Log}(t+c)$	−30.58	13.87	2.00	0.97
		树高	$y = A \times (1-e^{-c \times t})^b$	20.503	2.14	0.05	0.97
		材积	$y = A \times (1-e^{-c \times t})^b$	0.68	6.70	0.05	0.91
	标准木	胸径	$y = A + b \times \mathrm{Log}(t+c)$	−21.49	10.00	2.00	0.98
		树高	$y = A \times (1-e^{-c \times t})^b$	17.70	2.25	0.05	0.98
		材积	$y = A \times (1-e^{-c \times t})^b$	0.51	4.48	0.04	0.93

5.2.2.2　樟子松胸径生长规律

　　由图 5-24 和图 5-25 可以看出，樟子松的胸径总生长量随着年龄的增加而增加，且初期增加的速度较快，随年龄的增长，增加的速度逐渐趋缓。Ⅰ 地位级的胸径生长量明显高于 Ⅱ 地位级，Ⅰ 地位级 40 年时胸径总生长量标准木为 20.11cm，优势木为 24.82cm，Ⅱ 地位级 40 年时胸径总生长量标准木为 15.99cm，优势木为 21.25cm。由此可见，年龄相等的情况下，Ⅰ 级立地的胸径总生长量大于 Ⅱ 级立地。

　　连年生长量则是随年龄的增加逐渐减小，平均生长量则呈现先增加后减小的趋势。Ⅰ 地位级樟子松胸径平均生长量最大值出现在 17 年（标准木）和 16 年（优势木），略早于 Ⅱ 地位级的 19 年（标准木）和 21 年（优势木）。Ⅰ地位级樟子松的胸径平均生长量最大值为 0.63cm/年和 0.80cm/年，明显高于Ⅱ地位级的 0.48cm/年和 0.61cm/年。以上结果表明，立地条件越好，胸径平均生长量越大，其峰值到来时间越早。

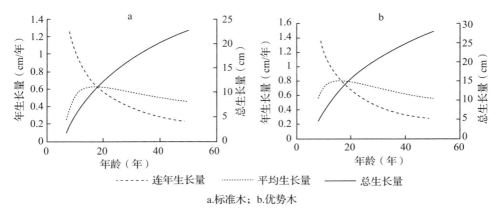

a.标准木；b.优势木

图 5-24 Ⅰ地位级樟子松胸径的生长过程

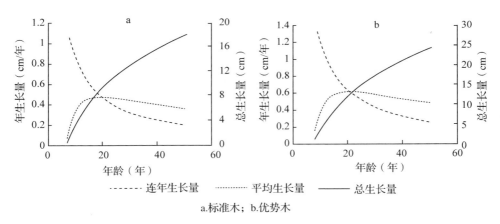

a.标准木；b.优势木

图 5-25 Ⅱ地位级樟子松胸径的生长过程

5.2.2.3 樟子松树高生长规律

樟子松的树高总生长量随着年龄的增加而增加，初期（5 年之前）增加的速度较缓，而后增速加快，30 年之后增速趋于缓慢。Ⅰ地位级的树高总生长量明显高于Ⅱ地位级，Ⅰ级立地标准木和优势木 40 年时树高总生长量分别为 15.46m 和 17.99m，Ⅱ地位级则分别为 13.34m 和 15.13m。

由此可见，Ⅰ地位级树高总生长量明显大于Ⅱ地位级(图5-26和图5-27)。

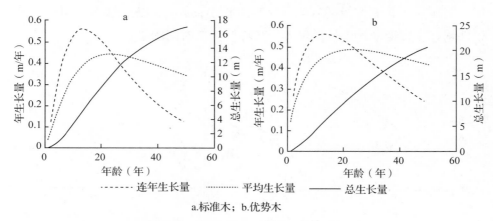

a.标准木；b.优势木

图5-26　Ⅰ地位级樟子松树高的生长过程

　　Ⅰ地位级标准木和优势木树高的连年生长量最大值均为0.56m/年，出现的时间分别为12年和13年，Ⅱ地位级连年生长量最大值分别为0.45m/年和0.51m/年，出现的时间分别为17和16年。Ⅰ地位级樟子松的树高平均生长量最大值为0.44m/年、0.48m/年，出现的时间分别为23年和24年；Ⅱ地位级樟子松的树高平均生长量最大值分别为0.36m/年、0.40m/年，出现的时间均为27年。

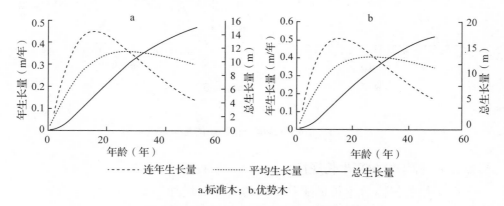

a.标准木；b.优势木

图5-27　Ⅱ地位级樟子松树高的生长过程

　　由以上结果可知，无论是连年生长量，还是平均生长量，Ⅰ地位级的樟子松都明显高于Ⅱ地位级，且出现的时间也更早，这表明立地条件越好，樟子松树高的生长速度越快。与胸径相比，树高更能够反映立地条件的差异，因为树高受林分密度的影响较小，而主要受立地条件的影响。

5.2.2.4　材积生长规律

由图 5-28 和图 5-29 可以看出，樟子松的材积总生长量随着年龄的增加而增长，在 20 年之前，材积增长的速度相对较为缓慢，之后增长速度加快。Ⅰ 地位级樟子松的材积总生长量明显高于 Ⅱ 地位级。Ⅰ 地位级 45 年生樟子松标准木和优势木的材积总生长量分别为 0.3360m³ 和 0.5995m³，Ⅱ 地位级则为 0.1908m³ 和 0.3674m³，前者分别为后者的 1.76 倍和 1.63 倍。

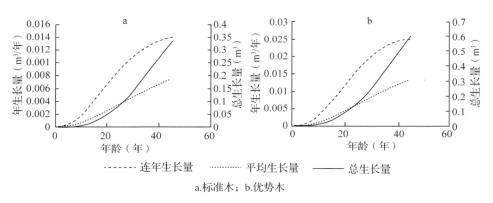

图 5-28　Ⅰ 地位级樟子松材积的生长过程

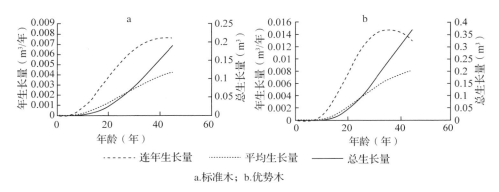

图 5-29　Ⅱ 地位级樟子松材积的生长过程

从生长速率来看，Ⅰ 地位级樟子松连年生长量最大值为 0.0141m³，出现在 50 年左右，Ⅱ 地位则为 0.0077m³，出现在 42 年左右(图 5-29)，这说明立地条件对樟子松材积生长速率具有明显影响，立地条件越好，材积生长速率越大，峰值出现越晚。

　　两种地位级的平均生长量均未达到峰值，说明两种立地条件下樟子松均未达到数量成熟（段爱国等，2003），其数量成熟龄明显高于当前技术规程的规定（中国标准出版社，2005）。根据材积生长模型推断，Ⅰ地位级标准木的数量成熟龄约为83年，优势木约为70年，Ⅱ地位级则分别为79年和57年。由此可知，立地条件越好，樟子松林数量成熟龄出现的时间越晚。

5.2.2.5　胸径、树高、材积综合分析

　　由图5-30和图5-31可以看出，无论平均木还是优势木，在胸径、树高及材积三个方面，Ⅰ地位级都明显高于Ⅱ地位级。同时，也明显看出，胸径、树高及材积生长曲线的形状及发展趋势明显不同。胸径和树高都已超过速生期，生长速度趋缓，而材积生长速率仍保持在较高水平，增长趋势明显。再次表明，樟子松材积的数量成熟龄尚未达到。

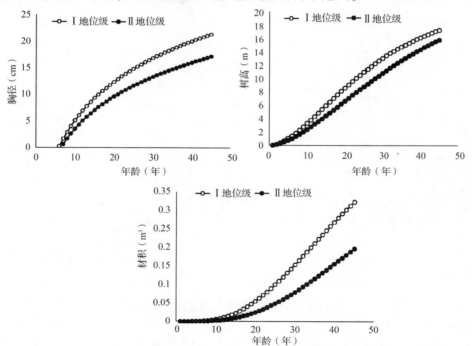

图5-30　不同地位级平均木生长过程比较

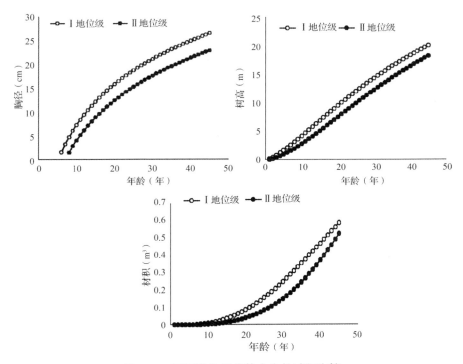

图 5-31　不同地位级优势木生长过程比较

由图 5-32 可以看出，无论是 I 地位级还是 II 地位级，樟子松均未达到数量成熟，从变化趋势看，I 地位级的数量成熟应该在 50 年之上，II 地位级也远未达到数量成熟，其成熟也应该在 50 年以上。

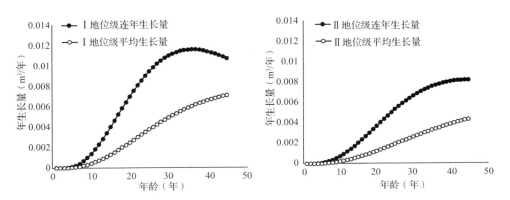

图 5-32　不同地位级材积的连年生长量和平均生长量的变化

5.2.3　小　结

本文对塞罕坝地区两种地位级樟子松人工林的生长规律进行了研究。研究表明，该地区樟子松胸径生长的最优模型为对数模型，树高和材积生长的最优模型为 Richards 模型，模型都达到了显著水平，可以用来对该地区樟子松生长过程进行预测。通过与已有的研究比较发现，该地区胸径的最优模型与其他地区不同(陈瑶等，2010；罗玲等，2008)，这种不同反映了樟子松在各个地区生长规律的差异。这也说明，即使是相同树种，一个地区的研究结果也不能直接应用于其他地区。同时，Ⅰ地位级樟子松胸径、树高及材积的总生长量、连年生长量和平均生长量都明显高于Ⅱ地位级。这说明，立地条件对樟子松的生长具有明显影响，应该根据不同的立地条件来确定樟子松的培育目标，采取不同的森林经营策略。塞罕坝地区Ⅰ地位级和Ⅱ地位级标准木的数量成熟龄为 83 和 79 年，说明立地条件越好，数量成熟龄越大。因此，对于立地条件较好的樟子松人工林，宜采用较长的轮伐期，培育径级较大的优质木材，而立地条件较差地区，则宜采用较短的轮伐期，培育小径级木材。同时，两种立地条件的数量成熟龄都明显大于森林采伐技术规程规定的 60 年(LY/T 1646—2005，2005)，且相差近 20 年，这说明该规程规定的轮伐期年龄不适用于塞罕坝地区。在 60 年生时，该地区樟子松仍处于快速生长时期，此时采伐会造成木材收获量及森林经营收益的下降。该地区的樟子松的轮伐期应该在 80 年左右。

5.3　樟子松的生物量

生物量是反应森林生态功能水平的重要指标，通过森林生物量的测度可以为森林生产力、碳汇能力、生物地球化学等功能的评估提供重要的基础(Michelle A Pinard et al.，1996；Jing Yun Fang et al.，1998)。森林生态系统的生物量受树种组成、林分年龄、气候、立地条件及人为干扰等因素的共同影响(王宁等，2013；吕勇等，1996)，因此，即使树种组成相似，不同林分之间的生物量也可能存在明显差异(苑增武等，2000；胡海清等，2015)。但是，目前有关林分生物量的研究，无论是在林分类型方面，还是在生态地理区域类型方面，都存在明显不足，这必然导致不同区域及尺度上的森林生产力及碳汇功能的评估存在明显的不确定性（罗云建等，2009）。本章以塞罕坝地区的樟子松林为研究对象，构建了该地区樟子松单木生物量模型，研究了该地区不同立地条件下樟子松林的生物量，为了解该地区樟子松林的生长特征、生产力、碳汇潜力以及樟子松林的合理经营提供科学依据。

5.3.1　研究方法

5.3.1.1　样地设置及调查

在前期调查和实地考察基础上，针对塞罕坝机械林场的樟子松人工林林分情况，用典型取样的方法，在大唤起分场、千层板分场、北曼甸分场、三道河口分场的樟子松林分内，选取不同年龄、不同立地条件、不同林分密度的樟子松林设置样地，样地面积为 600m²，个别样地面积为400m²。在每一样地内进行每木检尺，调查内容包括坐标、胸径、树高、枝下高、冠幅等。胸径采用胸径尺，树高采用勃鲁莱测高器，冠幅采用皮尺进行测定。同时调查每块样地的地理坐标、海拔、土层厚度等指标。

5.3.1.2　生物量的测定

根据林分调查结果及优势木树高生长情况，将调查林分分为 2 种地位级（根据 25 年生时优势木树高进行划分，Ⅰ地位级优势木树高为 9.00～11.00m，Ⅱ地位级树高为 7.00～9.00m）。在每一种立地类型中随机选择调查样地若干，进行生物量的调查，共调查样地 12 块，依据样地林木的胸径及树高调查结果，确定林分的平均木。将平均木伐倒，分别测定各器官，包括枝、叶、果、干的鲜重。同时，随机抽取各器官样品 200g，带回实验室，在 85℃恒温下烘干至恒重，测定各器官的干重及含水率，由含水率得出平均木的各器官及单木生物量。然后构建樟子松各器官的生物量模型，并得到林分总生物量。

5.3.2　研究结果

5.3.2.1　樟子松单木生物量模型

塞罕坝樟子松各器官和整株生物量（W）与测树因子（D）的生物量相对

生长方程如表 5-8 所示。从表中可以看出，各器官生物量的最优模型形式均为 CAR 类型，$W = aD^b$。其中，树干生物量的最优模型的解释量为 98.24%（$P<0.01$），枝的生物量模型解释量为 85.04%（$P<0.01$），叶的生物量最优模型的解释量为 64.28%（$P>0.05$），果的生物量模型解释量为 77.87%（$0.01<P<0.05$），整株林木的生物量模型的解释量为 97.19%（$P<0.01$），均达到极显著水平。在各个器官的生物量相对生长模型中，其他器官生物量模型的解释量均达到 75% 以上，只有叶生物量模型的解释量相对较低，但也达到极显著水平。采用收获法调查林木的生物量，林木叶生物量的变化较大，其生物量模型的拟合效果一般都相对较低。由以上结果可知，樟子松各器官生物量模型均达到显著水平，且有较高的解释量，可用来进行生物量的估测。

表 5-8　樟子松各器官和单木生物量模型

器官	模型	R^2	RSS
干	$W = 0.0268D^{2.6436}$	0.9824**	0.146
枝	$W = 0.0612D^{1.8627}$	0.8504**	0.715
叶	$W = 0.1124D^{1.5429}$	0.6428**	1.546
果	$W = 0.0003D^{2.6893}$	0.7787**	2.402
整株	$W = 0.085D^{2.386}$	0.942**	0.410

注：W 为生物量，D 为胸径；**表示极显著（$P<0.01$）。

5.3.2.2　塞罕坝地区樟子松林的生物量

塞罕坝地区两种立地条件下，樟子松林总生物量及平均单株生物量如表 5-9 所示，由表 5-9 可以看出，总体上，Ⅰ 地位级樟子松平均单株生物量明显高于 Ⅱ 地位级，以年龄相近的 D-1 和 D-4 样地来看，前者单株生物量为后者的 2.43 倍，D-2 为 Q-7 的 2.15 倍。但总生物量总体上 Ⅱ 地位级高于 Ⅰ 地位级，如 D-4 的林分生物量为 D-1 的 1.49 倍。两种地位级上樟子松林单株生物量及林分生物量变化趋势的不同，受立地条件、森林经营及林分密度的共同影响。Ⅰ 地位级立地条件较好，林木生长速度快，另外，Ⅰ 地位级上的林分为经营单位林分经营重点，所以经营措施如抚育间伐及时，促进了单株林木的生长，其单株生物量较高；但抚育间伐也导致了林分密度的下降，所以 Ⅰ 地位级尽管单株生物量较高，但是林分总生物量却低于 Ⅱ 地位级。

表 5-9　塞罕坝地区樟子松的地上生物量及其分配

| 地位级 | 样地 | 年龄 | 密度/株（hm²） | 分配比例（%） | | | | 平均单株生物量（kg） | 林分生物量（t/hm²） |
				枝	叶	果	干		
Ⅰ地位级	D-1	41	350	14.92	16.28	1.04	67.76	199.37	69.78
	Q-2	30	2033	14	8.63	0.76	76.61	44.63	90.73
	D-2	38	433	18.72	9.58	0.95	70.76	186.84	80.9
	D-3	44	500	10.99	7.32	1.02	80.66	145.82	72.91
	Q-4	45	417	10.76	7.6	1.09	80.55	225.9	94.20
	Q-6	46	733	11.96	7.31	1.00	79.73	160.78	117.85
	D-9	33	650	18.21	13.35	1.02	67.43	145.02	94.26
	平均			14.22	10.01	0.98	74.79		
Ⅱ地位级	D-4	41	1275	19.1	14.65	0.75	65.49	81.87	104.38
	Q-7	39	1417	19.08	8.01	0.68	72.22	86.74	122.91
	Q-9	30	1600	20.64	13.85	0.45	65.07	48.36	77.38
	Q-15	31	2433	15.92	17.95	0.34	65.81	44.28	107.73
	Q-18	16	2050	23.54	24.28	1.25	50.87	19.07	39.09
	平均			19.66	15.75	0.69	63.89		

　　由表 5-9 和表 5-10，可以对比出塞罕坝地区与其他地区的樟子松林地上生物量。塞罕坝地区 30 年左右的樟子松林的地上生物量为 77.38～90.73 t/hm²，与内蒙古科尔沁沙地相近，后者为 86.45t/hm²；塞罕坝地区 38 年的樟子松林的地上生物量为 80.9t/hm²，辽宁省章古台沙地 37 年的樟子松林的地上生物量为 37.45t/hm²，前者为后者的 2.16 倍；塞罕坝地区 45 年左右的樟子松林的地上生物量为 94.20t/hm²，与黑龙江省大兴安岭地区（94.87t/hm²）接近，明显高于黑龙江省小兴安岭地区（80.5t/hm²）。同时，塞罕坝地区樟子松林生物量明显低于黑龙江西部地区，其 23 年生樟子松林生物量已达 154.07t/hm²。由以上比较可以看出，塞罕坝地区樟子松林生物量与国内其他樟子松分布地区相比，处于较高水平，说明塞罕坝地区的生态条件适合樟子松的生长。

表 5-10　　其他地区樟子松林的地上生物量

研究地点	林龄 （年）	平均胸径 （cm）	平均树高 （m）	单株生物量 （kg）	林分生物量 （t/hm²）	文献来源
黑龙江省大兴安岭	45	16.59	16.26		94.87	胡海清等（2015）
黑龙江省西部地区	23	18.45	12.10		154.07	苑增武等（2000）
内蒙古科尔沁沙地	30	13.74	9.72	51.92	86.45	袁立敏等（2011）
黑龙江省小兴安岭	45	16.77	15.38		80.5	胡海清等（2015）
辽宁省章古台沙地	37			52.67	37.45	孟鹏（2013）

5.3.2.3　塞罕坝地区樟子松林生物量分配及其与年龄和胸径的关系

生物量分配是能够反映生物个体及生态系统诸多生态特征的主要指标，能够反映物种对环境的适应方式、生物生存的生态条件、林分的结构及功能特征以及人为干扰的差异。从表 5-9 可以看出，该地区樟子松生物量的比例符合一般的生物量分配规律，即干>枝>叶>果，其所占比重分别为 50.87% ~ 80.66%、10.76% ~ 23.54%、7.31% ~ 24.28% 和 0.34% ~ 1.25%。

从不同的立地条件来看，Ⅰ地位级的樟子松林干和果生物量所占比例高于Ⅱ地位级，而枝及叶的生物量所占比例则低于Ⅱ地位级。其原因在于，Ⅰ地位级樟子松林因为生长状况更好，生产力更高，经营措施也更加及时和充分。Ⅰ地位级林分多数已经过抚育采伐及修枝，修枝对生物量的分配具有两个方面的影响。其一，修枝去除掉下面的枝条，直接减少了侧枝及叶量；其二，修枝减少了树冠下部枝条的数量，其中大部分为消耗枝条，由此减少了光合作用产物往这些枝条的转移，使得更多的光合作用产物转移到树干，从而使树干所占比重增加。

另外，从图 5-33 可以看出，樟子松林生物量的分配与林分年龄及平均胸径具有明显的相关关系。树干生物量所占比重随林分年龄及胸径的增加而增加，枝和叶所占比例则随林分年龄和胸径的增加而逐渐下降。这可能与以下两个方面有关：①樟子松为强喜光树种（韩广等，1999），随着林木的增长，林分郁闭程度逐渐增加，下部枝条的自然整枝也会逐渐增加，导致枝、叶量所占比例下降；②林分随着年龄的增长，各种经营措施会逐渐增加，如间伐及人工修枝，这些过程都会造成枝、叶生物量的下降，从而导致枝叶所占比例逐渐下降。

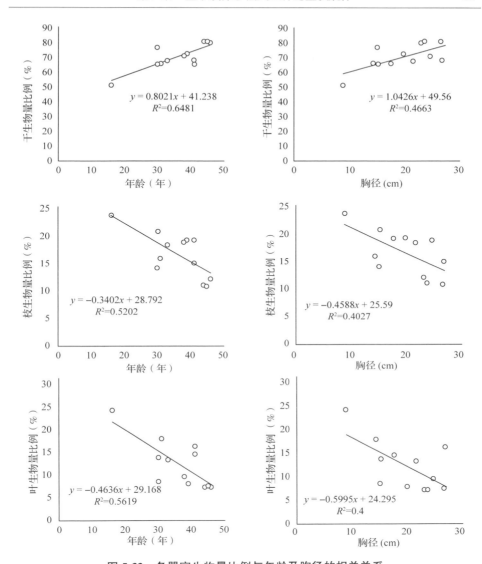

图 5-33　各器官生物量比例与年龄及胸径的相关关系

5.3.3　小　结

塞罕坝地区樟子松人工林单木各器官生物量的最优模型形式均为 CAR 类型，分别为：$W_干 = 0.0268D^{2.6436}$，$W_枝 = 0.0612D^{1.8627}$，$W_叶 = 0.1124D^{1.5429}$，$W_果 = 0.0003D^{2.6893}$，$W_整 = 0.093D^{2.3429}$。塞罕坝地区 I 地位级樟子松平均单株生物量明显高于 II 地位级，但林分总生物量则相反；塞罕坝地区樟子松林生物量与国内其他地区相比，处于较高水平，仅低于黑龙江西部地区。樟子松生物量分配由高到低分别为干>枝>叶>果，其所占比重分别为 50.87%~80.66%、10.76%~23.54%、7.31%~24.28%和 0.34%~1.25%。树干生物量所占比重随林分年龄及胸径的增加而增加，枝和叶所占比例则随林分年龄和胸径的增加而逐渐下降。

第6章 塞罕坝樟子松人工林收获表的编制

收获表是按树种、龄级、立地等级和标准疏密度来表达同龄林分单位面积蓄积量和其他林分特征的一种经营数表，收获表可用来预估该树种在某立地等级、某龄级的测树因子，从而对林分的经营提供指导（陈信旺，2006）。因此，针对不同林分类型编制相应的收获表是实现森林可持续经营的基础条件。在我国，有关林分收获表编制的研究主要集中在20世纪的80～90年代，树种围绕几个主要的用材树种，如杉木（李希菲等，1988）、华北落叶松、马尾松等。根据编制方法的不同，收获表可分为正常收获表、经验收获表及可变密度收获表3类（亢新刚等，2001）。其中，标准收获表可预估标准情况下林分的最大收获量，通过与标准收获表的比较，可以了解现实林分的生长状况，以便有针对性地采取相应的森林经营措施，改善林分的生长状况。标准收获表制订的难度在于确定标准林分。翁国庆（1989）提出，利用Richards方程中的生长率参数K，比较不同标准地找到最大的K值，由其找到生长率最高的林分，确认为标准林分。李宝银（2005）也采用类似方法编制了天然阔叶林标准收获表。陈信旺（2006）则将树冠重叠指数为1.57时（树冠与树冠相互重叠，没有空隙的一种状态）的林分为标准林分，由此确定林分的密度，再计算得到林分的蓄积量。翁国庆的方法是通过生长过程的分析，从现实林分找到生长状况最好的林分作为标准林分，而陈信旺通过林分结构的分析，人为设定一种标准林分。本文以塞罕坝地区的樟子松人工林为研究对象，通过野外样地调查、树干解析、生长过程分析等手段，建立了樟子松人工林标准收获表，为该地区樟子松林的经营奠定了坚实的科学基础。

6.1 研究方法

6.1.1 样地调查

在前期调查和实地考察基础上，针对塞罕坝机械林场的樟子松人工林林分情况，用典型取样的方法，在大唤起分场、千层板分场、北曼甸分场、三道河口分场的樟子松林分内，选取不同年龄、不同立地条件、不同林分密度的樟子松林设置样地，样地面积为 600m²，个别样地面积为400m²。在每一样地内进行每木检尺，调查内容包括坐标、胸径、树高、枝下高、冠幅等。胸径采用胸径尺，树高采用勃鲁莱测高器，冠幅采用皮尺进行测定。同时调查每块样地的地理坐标、海拔、土层厚度等指标。

根据林分调查结果及优势木树高生长情况，将调查林分分为 2 种地位级（根据 25 年生时优势木树高进行划分，Ⅰ地位级优势木树高为 9.00~11.00m，Ⅱ地位级树高为 7.00~9.00m）。

6.1.2 编制思路

标准收获表表示的是在特定立地条件下的最大收获量。最大收获量的获得取决于两个方面：林分密度达到最大，林分中林木的生长状况最优。在林分中，以优势木生长状况为最好，且受其他林木的影响最小，其生长状况最能反映林分立地条件的优劣，假设标准林分全部为优势木组成，同时，假设林地完全郁闭，计算完全郁闭时林木树冠的大小，由林地面积及树冠大小得到林分的株数密度。

基于每一样地中伐取得到的优势木树干解析数据，获得不同立地条件下优势木不同年龄阶段直径生长量。基于已有的优势木调查数据，建立树冠冠幅与胸径的回归方程，利用回归方程计算不同胸径对应的树冠冠幅。将樟子松的树冠看成近似六边形，根据冠幅数据计算树冠面积。由于林地完全被树冠覆盖时，林分在理论上达到最大和最佳密度，此时樟子松林分对土地的利用程度达到最大，林分也就达到最大收获量。

6.1.3　林分密度的确定

林分最大密度的确定基于如下假设：林分在完全郁闭没有任何空隙时，林分密度达到最大。假设在林分完全郁闭时，林分内树冠相互重叠，任一株林木与周围树冠相接呈六边形（图 6-1），则每一树冠面积为：

$$S_c = \frac{3}{2}\sqrt{3}\,d^2$$

式中：S_c 为树冠面积，d 为优势木冠幅。

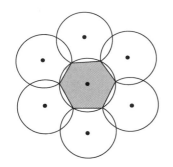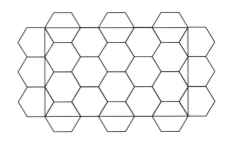

图 6-1　林分中树冠相接示意图

林分最大密度为：

$$D = S/S_c$$

式中：D 为林分最大密度，S 为林地面积（株/hm^2）。

林木冠幅 d 的计算：基于已有的优势木调查数据，建立树冠冠幅与胸径的回归方程（式）。由每一样地中伐取得到的优势木树干解析数据，获得不同立地条件下优势木不同年龄阶段直径生长量，将不同年龄阶段的直径生长量带入下式，得到林木不同年龄阶段的冠幅。

$$d = 0.0761 \times DBH + 0.5237 \quad (n = 87, \ r^2 = 0.6538)$$

6.1.4　林分蓄积量的确定

林分的蓄积量由林木的单株材积及林分密度获得。樟子松单木材积利用下式进行计算：

$$V = 0.00005289 \times DBH^{1.781} \times H^{1.11}$$

$$R^2 = 0.994$$

式中：V 为单株材积，DBH 为胸径，H 为树高。

由不同年龄阶段林木的胸径及树高通过二元立木材积方程计算单株材积，由以下公式计算不同年龄阶段的林分蓄积量：

$$V_f = V_d \times D$$

式中：V_f 为林分蓄积量，V_d 为单株材积，D 为林分密度。

用以上同样方法，得到林分断面积等指标。

6.2　研究结果

　　塞罕坝地区樟子松人工林两种地位级条件下的收获表如表 6-1 和表 6-2 所示。相同年龄两种立地条件下的樟子松人工林的预期生长状况有明显差异。Ⅰ地位级樟子松人工林的胸径、树高、单株材积、林分蓄积量及胸高断面积均明显高于Ⅱ地位级，但是林分密度则相反。以 40 年生樟子松人工林为例，Ⅰ地位级樟子松人工林的胸径、树高、单株材积、林分蓄积量、胸高断面积及密度分别为 26.93cm、19.13m、0.4936m³、286.93m³/hm²、33.10m²/hm² 和 581 株/hm²，Ⅱ地位级则分别为 22.28cm、15.65m、0.2819m³、220.26m³/hm² 和 30.46 m²/hm² 和 781 株/hm²。Ⅰ地位级樟子松林的林分密度低于Ⅱ地位级，主要原因是Ⅰ地位级林木的长势更好，对生长空间的要求越大，林木的冠幅也更大，因此单位面积上的林木株数也更少。

表 6-1　塞罕坝地区樟子松人工林收获表（Ⅰ地位级）

龄阶 (cm)	胸径 (cm)	树高 (m)	单株材积 (m³)	密度 (株/hm²)	蓄积量 (m³/hm²)	平均 生长量 (m³/hm²·a)	连年 生长量 (m³/hm²·a)	蓄积量 生长率 (%)	单株胸高 断面积 (m²)	林分胸高 断面积 (m²/hm²)
15	12.62	6.92	0.0414	1747	72.38	4.83	7.78	0.11	0.0125	21.85
16	13.35	7.41	0.0494	1624	80.16	5.01	7.89	0.10	0.0140	22.72
17	14.05	7.90	0.0581	1516	88.05	5.18	8.01	0.09	0.0155	23.51
18	14.74	8.39	0.0676	1421	96.07	5.34	8.13	0.09	0.0171	24.25
19	15.43	8.88	0.0780	1336	104.20	5.48	8.16	0.08	0.0187	24.95
20	16.07	9.36	0.0891	1262	112.36	5.62	8.19	0.08	0.0203	25.58

（续）

龄阶 (cm)	胸径 (cm)	树高 (m)	单株材积 (m³)	密度 (株/hm²)	蓄积量 (m³/hm²)	平均生长量 (m³/hm²·a)	连年生长量 (m³/hm²·a)	蓄积量生长率 (%)	单株胸高断面积 (m²)	林分胸高断面积 (m²/hm²)
21	16.68	9.85	0.1007	1197	120.55	5.74	8.19	0.07	0.0219	26.15
22	17.26	10.34	0.1128	1141	128.74	5.85	8.38	0.07	0.0234	26.66
23	17.86	10.83	0.1263	1086	137.11	5.96	8.51	0.06	0.0250	27.19
24	18.48	11.32	0.1409	1034	145.62	6.07	8.45	0.06	0.0268	27.70
25	19.04	11.81	0.1557	989	154.07	6.16	8.53	0.06	0.0284	28.1469
26	19.60	12.29	0.1715	948	162.60	6.25	8.49	0.05	0.0301	28.58
27	20.11	12.78	0.1876	912	171.09	6.34	8.52	0.05	0.0318	28.96
28	20.61	13.27	0.2042	879	179.61	6.41	8.70	0.05	0.0333	29.33
29	21.15	13.76	0.2226	846	188.31	6.49	8.74	0.05	0.0351	29.70
30	21.69	14.25	0.2419	814	197.05	6.57	8.68	0.05	0.0369	30.07
31	22.17	14.74	0.2612	788	205.72	6.64	9.07	0.04	0.0386	30.38
32	22.79	15.22	0.2846	755	214.80	6.71	9.10	0.04	0.0408	30.78
33	23.41	15.71	0.3092	724	223.89	6.78	8.71	0.04	0.0430	31.16
34	23.84	16.20	0.3303	704	232.60	6.84	9.04	0.04	0.0446	31.42
35	24.40	16.69	0.3557	679	241.65	6.90	9.01	0.04	0.0467	31.74
36	24.92	17.18	0.3814	657	250.66	6.96	8.98	0.04	0.0487	32.04
37	25.41	17.66	0.4073	637	259.64	7.02	9.07	0.03	0.0507	32.3
38	25.92	18.15	0.4351	618	268.71	7.07	9.04	0.03	0.0527	32.58
39	26.40	18.64	0.4630	600	277.75	7.12	9.18	0.03	0.0547	32.83
40	26.93	19.13	0.4936	581	286.93	7.17	9.25	0.03	0.0569	33.10

表 6-2　塞罕坝地区樟子松人工林收获表（Ⅱ地位级）

龄阶 (cm)	胸径 (cm)	树高 (m)	单株材积 (m³)	密度 (株/hm²)	蓄积量 (m³/hm²)	平均生长量 (m³/hm²·a)	连年生长量 (m³/hm²·a)	蓄积量生长率 (%)	单株胸高断面积 (m²)	林分胸高断面积 (m²/hm²)
15	9.94	5.25	0.0199	2348	46.74	3.12	6.46	0.15	0.0078	18.22
16	10.74	5.66	0.0249	2140	53.21	3.33	6.52	0.13	0.0091	19.38
17	11.49	6.08	0.0303	1968	59.73	3.51	6.58	0.12	0.0104	20.41
18	12.20	6.50	0.0363	1825	66.31	3.68	6.63	0.10	0.0117	21.33
19	12.88	6.91	0.0428	1702	72.94	3.84	6.67	0.10	0.0130	22.16
20	13.52	7.33	0.0499	1597	79.61	3.98	6.72	0.09	0.0143	22.91

（续）

龄阶 （cm）	胸径 （cm）	树高 （m）	单株 材积 （m³）	密度 （株/hm²）	蓄积量 （m³/hm²）	平均 生长量 （m³/hm²·a）	连年 生长量 （m³/hm²·a）	蓄积量 生长率 （%）	单株胸高 断面积 （m²）	林分胸高 断面积 （m²/hm²）
21	14.13	7.74	0.0573	1506	86.33	4.11	6.76	0.08	0.0157	23.59
22	14.71	8.16	0.0653	1425	93.09	4.23	6.80	0.08	0.0170	24.22
23	15.27	8.58	0.0738	1354	99.89	4.34	6.84	0.07	0.0183	24.79
24	15.81	8.99	0.0827	1291	106.73	4.45	6.87	0.07	0.0196	25.32
25	16.32	9.41	0.0920	1235	113.60	4.54	6.91	0.06	0.0209	25.81
26	16.81	9.82	0.1018	1184	120.51	4.63	6.94	0.06	0.0222	26.27
27	17.29	10.24	0.1121	1137	127.45	4.72	6.97	0.06	0.0235	26.705
28	17.75	10.66	0.1227	1095	134.43	4.80	7.00	0.05	0.0247	27.09
29	18.19	11.07	0.1338	1055	141.43	4.88	7.03	0.05	0.0260	27.47
30	18.62	11.49	0.1453	1022	148.46	4.95	7.06	0.05	0.0272	27.825
31	19.04	11.91	0.1572	989	155.53	5.02	7.09	0.05	0.0285	28.15
32	19.44	12.32	0.1695	959	162.62	5.08	7.12	0.04	0.0297	28.46
33	19.83	12.74	0.1823	931	169.74	5.14	7.14	0.04	0.0309	28.76
34	20.21	13.15	0.1954	905	176.88	5.20	7.17	0.04	0.0321	29.04
35	20.58	13.57	0.2089	881	184.05	5.26	7.19	0.04	0.0333	29.30
36	20.94	13.99	0.2227	858	191.25	5.31	7.22	0.04	0.0344	29.56
37	21.29	14.40	0.2370	837	198.47	5.36	7.24	0.04	0.0356	29.80
38	21.63	14.82	0.2516	818	205.71	5.41	7.27	0.04	0.0367	30.03
39	21.96	15.24	0.2665	799	212.97	5.46	7.29	0.03	0.0379	30.25
40	22.28	15.65	0.2819	781	220.26	5.51	5.51	0.03	0.0390	30.46

　　从编制方法可知，该收获表是基于两个假设编制的。一是林分中的林木生长最优，即假设林分中的每株树生长状态均接近于现实林分中的优势木。二是假设林分完全郁闭，相邻林木的树冠相互挤压使树冠呈六边形，以保证林地完全被树冠覆盖。通过以上假设可知，该林分状态一方面保证了林地被充分利用，另一方面保证了林木有最大的生长空间，能够释放最大的生长潜力，从而使个体的生长达到最大状态。因此，该收获表适用于以培育优质大径级木材为经营目标的林分。在林分经营中参照本收获表各年龄阶段的林分密度对林分的密度进行调整，可以保证保留木获得最大的生长空间，从而促进林木的生长。本收获表不适用于以生产小径材，或以

收获最大生物量为经营目标的樟子松林。本收获表为了保证林木获得最大的营养空间，使相邻树冠之间的重叠尽量最小，这导致了林分密度的减小，从而也使得林分生物量、蓄积量或林分断面积减小。以本研究调查的塞罕坝机械林场的樟子松林为例，35年生樟子松林的林分密度最大可以达到3433株/hm²，胸高断面积可以达到37.98m²/hm²，明显高于本收获表的31.74m²/hm²（Ⅰ地位级）和29.30m²/hm²（Ⅱ地位级），但其林分平均胸径只有14.1cm，明显低于本收获表的24.40cm（Ⅰ地位级）和20.58cm（Ⅱ地位级）。因此，如果希望该林分能够生产大径级的优质木材，林分密度需要进行调整。

同时，陈信旺在编制收获表时，将树冠重叠指数为1.57时的林分确定为标准林分，本研究中树冠的重叠指数只有1.21，因此树冠重叠更少，林分的密度也更小。

6.3　小　结

基于两个假设，即林分中的林木长势最优，以及林冠全部覆盖林地，编制了樟子松人工林的收获表。该收获表以保证保留木具有最大的生长空间，促进林木生长潜力的发挥为目标，因此，该收获表适用于以培育优质大径材为目标的森林经营，但不适用于以培育小径材或以收获最大生物量为目标的森林的经营。

第7章 塞罕坝樟子松
立木材积表的编制

立木材积表是林业的基本数表之一，也是林业调查规划设计的重要工具。按查定材积需测立木因子(胸高、树高、干形)的数量不同而分三元、二元和一元材积表，其中，二元材积表最为常用，一元材积表因为数据获取相对容易，应用也较为广泛。樟子松具有耐寒、耐旱、耐瘠薄等特征，尤其能适应干旱的山脊、阳坡，以及较干旱的沙质土壤，因此，在我国北方地区具有广泛的分布(张振军，2014)。樟子松是塞罕坝林区重要的造林树种，种植面积达到9354hm²。该地区樟子松林多为20世纪60~70年代营造，目前已进入林分经营和收获的关键阶段，需要建立立木材积表指导樟子松的经营与生产。目前已有大兴安岭地区和辽宁地区的樟子松材积表的发表(张日升等，2004；宫淑琴等，2002)，但是樟子松在不同地区生长特征会有明显差异(李晓莎等，2016)，这些材积表难以在本地区推广使用。在20世纪90年代，塞罕坝地区建立了自己的樟子松林立木材积表(张向忠，1995；赵亚民，1993)，但是当时该地区樟子松的年龄相对较小，其胸径及树高都比较小，不能满足当前本地区樟子松林经营生产的要求，需要编制新的林木材积表。本研究以塞罕坝地区的樟子松林为研究对象，编制该地区樟子松林的立木二元材积表，为该地区樟子松人工林的合理经营提供科学依据。

7.1 编制方法

7.1.1 林分样地

2014年8~9月，在前期调查和实地考察基础上，针对塞罕坝机械林场的樟子松人工林林分情况，用典型取样的方法，在塞罕坝机械林场所属的大唤起分场、千层板分场、北曼甸分场、三道河口分场，选取不同年龄

（10~45 年生）、不同立地条件、不同林分密度的樟子松林，设置样地 28 块，样地面积为 600m²。在每一样地内进行每木检尺，调查内容包括坐标、胸径、树高、枝下高、冠幅等。胸径采用胸径尺，树高采用勃鲁莱测高器，冠幅采用皮尺进行测定。同时调查每块样地的地理坐标、海拔、土层厚度等指标。在样地调查的基础上，实际获取解析木 26 株。同时收集当地已有的解析木数据 134 株，共获得解析木数据 160 株。

7.1.2　二元材积表的编制方法

将获得的 160 株解析木分成两组，分别为 93 株和 67 株，其中 93 株用来建立二元材积模型，另外 67 株用来进行模型的验证。采用的模型有以下几种：

$$V = aD^b H^c \tag{7-1}$$

$$V = a + bD + cH \tag{7-2}$$

$$V = a + bD^2 + cH^3 \tag{7-3}$$

$$V = a + bD^2 + cD^2 H \tag{7-4}$$

$$V = a + bD^2 + cDH + dH \tag{7-5}$$

$$V = a + bDH + cD^2 H + dH \tag{7-6}$$

式中：a、b、c、d 均为常数，V 为材积，D 为胸径，H 为树高。

用以上模型进行拟合，最后选择决定系数最大，同时剩余残差最小的模型来编制二元立木材积表。

7.1.3　一元材积表的编制方法

采用与二元材积表相同的取样和验证方法，采用模型 $V = aD^b$，建立一元胸径材积表和一元地径材积表。

7.1.4　数据统计

数据的统计及拟合全部采用统计分析软件 SPSS Statistics 22 来完成。

7.2　二元材积表的编制

7.2.1　模型选择

由图 7-1 可以看出，樟子松的材积与树高及胸径回归关系的决定系数分别达到了 0.9605 和 0.97，说明树高及胸径对樟子松材积的解释量分别达到了 96.05% 和 97.00%，可以建立樟子松材积与胸径及树高的回归模型。

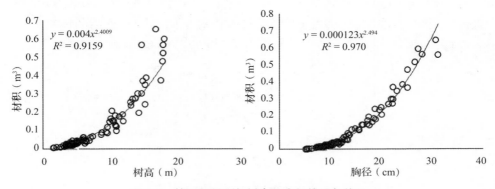

图 7-1　樟子松材积与树高及胸径的回归关系

利用解析木数据建立单株材积与胸径和树高的回归模型。不同回归方程的决定系数及剩余残差如表 7-1 所示。

表 7-1　不同模型决定系数及残差平方和

模型	R^2	残差平方和
$V=aD^bH^c$	0.997	0.006
$V=a+bD+cH$	0.919	0.174
$V=a+bD^2+cH^3$	0.990	0.021
$V=a+bD^2+cD^2H$	0.996	0.008
$V=a+bD^2+cDH+dH$	0.9915	0.012
$V=a+bDH+cD^2H+dH$	0.997	0.006

由表 7-1 可知，以模型(7-1)和模型(7-6)的决定系数最大，都达到了 0.997，同时残差平方和最小，都为 0.006。比较而言，模型(7-1)的形式

更为简洁，因此采用模型(7-1)来编制塞罕坝地区的立木材积表，樟子松二元材积表的计算公式则为：

$$V = 0.00006938D^{1.763}H^{1.037}$$

$$R^2 = 0.997$$

式中：V 为单株材积，D 为胸径，H 为树高。由上式得到塞罕坝地区樟子松林的二元立木材积表(表 7-3)。

7.2.2　二元材积表的适用性检验

为了进一步验证材积表的适合程度，用 67 株解析木数据，对模拟单株材积及实际单株材积进行 t 检验，检验材积表的适用性。检验结果如表 7-2 所示。可以看出，$p = 0.612$，说明实测值和模拟值差异不显著，材积表具有良好的适用性。

表 7-2　实际值与模拟值的 t 检验

项目	t	df	Sig.（双尾）
实测值-模拟值	0.509	66	0.612

表 7-3　塞罕坝地区樟子松人工林二元立木材积表

单位：m³

胸径(cm)	树高(m) 2	3	4	5	6	7	8	9	10	11	12	13	14	15	16	17	18	19	20	21	22	23	24	25
3	0.0010	0.0015	0.0020	0.0026																				
4		0.0016	0.0025	0.0034	0.0042	0.0051																		
5			0.0024	0.0037	0.0050	0.0063	0.0076	0.0089																
6				0.0034	0.0051	0.0069	0.0087	0.0105	0.0123	0.0141														
7					0.0044	0.0067	0.0090	0.0114	0.0137	0.0161	0.0185													
8						0.0085	0.0114	0.0144	0.0174	0.0204	0.0234	0.0265												
9						0.0104	0.0141	0.0177	0.0214	0.0251	0.0288	0.0326	0.0364											
10							0.0126	0.0169	0.0213	0.0258	0.0302	0.0347	0.0392	0.0438	0.0483									
11								0.0200	0.0252	0.0305	0.0358	0.0411	0.0464	0.0518	0.0572									
12								0.0233	0.0294	0.0355	0.0417	0.0479	0.0541	0.0604	0.0666	0.0729								
13								0.0269	0.0339	0.0409	0.0480	0.0552	0.0623	0.0695	0.0767	0.0840	0.0913							
14									0.0306	0.0386	0.0466	0.0547	0.0629	0.0710	0.0792	0.0875	0.0957	0.1040	0.1123					
15									0.0346	0.0436	0.0527	0.0618	0.0710	0.0802	0.0895	0.0988	0.1081	0.1174	0.1268	0.1362				
16										0.0489	0.0590	0.0693	0.0795	0.0899	0.1003	0.1107	0.1211	0.1316	0.1421	0.1527	0.1632			
17										0.0544	0.0657	0.0771	0.0885	0.1000	0.1116	0.1232	0.1348	0.1464	0.1581	0.1699	0.1816	0.1934		
18										0.0601	0.0726	0.0852	0.0979	0.1106	0.1234	0.1362	0.1491	0.1620	0.1749	0.1879	0.2009	0.2139	0.2270	
19										0.0799	0.0938	0.1077	0.1217	0.1357	0.1498	0.1640	0.1782	0.1924	0.2067	0.2210	0.2353	0.2497	0.2641	
20											0.1179	0.1332	0.1486	0.1640	0.1795	0.1950	0.2106	0.2262	0.2419	0.2576	0.2733	0.2891	0.3049	
21											0.1285	0.1452	0.1619	0.1787	0.1956	0.2126	0.2295	0.2466	0.2636	0.2807	0.2979	0.3150	0.3323	0.3495

（续）

胸径(cm)	树高(m)																							
	2	3	4	5	6	7	8	9	10	11	12	13	14	15	16	17	18	19	20	21	22	23	24	25
22									0.1758	0.1940	0.2123	0.2307	0.2491	0.2676	0.2862	0.3047	0.3233	0.3420	0.3607	0.3794	0.3981			
23									0.1901	0.2098	0.2297	0.2495	0.2695	0.2894	0.3095	0.3296	0.3497	0.3699	0.3901	0.4103	0.4306	0.4509		
24									0.2049	0.2262	0.2475	0.2690	0.2905	0.3120	0.3336	0.3552	0.3769	0.3987	0.4205	0.4423	0.4641	0.4860	0.5080	
25									0.2202	0.2431	0.2660	0.2890	0.3121	0.3353	0.3585	0.3817	0.4051	0.4284	0.4518	0.4753	0.4988	0.5223	0.5459	0.5695
26											0.2851	0.3097	0.3345	0.3593	0.3842	0.4091	0.4341	0.4591	0.4842	0.5093	0.5345	0.5597	0.5849	0.6102
27											0.3047	0.3310	0.3575	0.3840	0.4106	0.4372	0.4639	0.4907	0.5175	0.5443	0.5712	0.5982	0.6252	0.6522
28												0.3530	0.3812	0.4094	0.4378	0.4662	0.4946	0.5232	0.5517	0.5804	0.6091	0.6378	0.6666	0.6954
29												0.3755	0.4055	0.4356	0.4657	0.4959	0.5262	0.5566	0.5870	0.6174	0.6479	0.6785	0.7091	0.7398
30												0.3986	0.4305	0.4624	0.4944	0.5265	0.5586	0.5908	0.6231	0.6555	0.6878	0.7203	0.7528	0.7853
31												0.4223	0.4561	0.4899	0.5238	0.5578	0.5919	0.6260	0.6602	0.6945	0.7288	0.7632	0.7976	0.8321
32														0.5181	0.5540	0.5899	0.6259	0.6620	0.6982	0.7344	0.7707	0.8071	0.8435	0.8800
33														0.5470	0.5849	0.6228	0.6608	0.6989	0.7371	0.7754	0.8137	0.8521	0.8905	0.9290
34														0.5766	0.6165	0.6565	0.6965	0.7367	0.7770	0.8173	0.8577	0.8981	0.9387	0.9793
35														0.6068	0.6488	0.6909	0.7331	0.7753	0.8177	0.8601	0.9026	0.9452	0.9879	1.0306
36																0.7261	0.7704	0.8148	0.8593	0.9039	0.9486	0.9934	1.0382	1.0831
37																0.7620	0.8085	0.8551	0.9019	0.9487	0.9956	1.0425	1.0896	1.1367
38																0.7987	0.8474	0.8963	0.9453	0.9943	1.0435	1.0927	1.1420	1.1914
39																0.8361	0.8872	0.9383	0.9896	1.0409	1.0924	1.1439	1.1955	1.2472
40																0.8743	0.9276	0.9811	1.0347	1.0884	1.1422	1.1961	1.2501	1.3042

7.3 一元材积表的编制

目前已发表的一元材积表的编制多采用模型 $V=aD^b$（宫淑琴等，2002），因此本研究也采用该模型。由 SPSS 的非线性回归得到樟子松的一元胸径材积模型：

$$V=0.000123D^{2.494}$$

$R^2=0.970$，残差平方和为 0.059。

由一元胸径材积模型得到一元胸径立木材积表（表 7-4）。用 67 株解析木数据，对模拟单株材积及实际单株材积进行 t 检验，检验结果如表 7-5 所示。由表 7-5 可以看出，$P=0.147$，说明实测值和模拟值差异不显著，材积表具有良好适用性。

表 7-4 塞罕坝地区樟子松人工林一元胸径立木材积表

胸径(cm)	材积(m³)	胸径(cm)	材积(m³)
5	0.0068	23	0.3062
6	0.0107	24	0.3405
7	0.0158	25	0.3770
8	0.0220	26	0.4158
9	0.0295	27	0.4568
10	0.0384	28	0.5002
11	0.0487	29	0.5459
12	0.0604	30	0.5941
13	0.0738	31	0.6447
14	0.0888	32	0.6978
15	0.1055	33	0.7535
16	0.1239	34	0.8117
17	0.1441	35	0.8726
18	0.1662	36	0.9361
19	0.1902	37	1.0023
20	0.2161	38	1.0712
21	0.2441	39	1.1429
22	0.2741	40	1.2174

表 **7-5**　一元材积模型模拟值与实际值的 t 检验

项目	t	df	Sig.（双尾）
胸径	1.472	66	0.147
地径	1.060	66	0.293

采用与一元胸径材积模型相同的方法得到一元地径材积模型为：

$$V = 0.00001235D^{3.017}$$

$R^2 = 0.950$，残差平方和为 0.122。

由一元地径材积模型建立樟子松一元地径材积表（表 7-6）。用解析木数据对模拟单株材积及实际单株材积进行 t 检验，检验结果如表 7-5 所示。由表 7-5 可以看出，$P = 0.293$，说明实测值和模拟值差异不显著，该材积表具有良好的适用性。

表 **7-6**　塞罕坝地区樟子松人工林一地径元立木材积表

地径（cm）	材积（m³）	地径（cm）	材积（m³）
10	0.0130	28	0.2904
11	0.0173	29	0.3228
12	0.0225	30	0.3576
13	0.0287	31	0.3948
14	0.0359	32	0.4345
15	0.0442	33	0.4767
16	0.0537	34	0.5217
17	0.0644	35	0.5693
18	0.0766	36	0.6198
19	0.0901	37	0.6732
20	0.1052	38	0.7297
21	0.1219	39	0.7891
22	0.1403	40	0.8518
23	0.1604	41	0.9177
24	0.1824	42	0.9869
25	0.2063	43	1.0595
26	0.2322	44	1.1356
27	0.2602	45	1.2152

7.4 讨 论

　　樟子松是一个优良用材树种，同时具有耐寒、耐旱、耐瘠薄等特征，因此在中国北方地区具有广泛的分布。但是由于各地的生态条件具有较大差异，其生长特征也表现出明显不同，导致各地樟子松的树干表现出不同的形态特征。因此，一个地区得到樟子松材积表难以在其他地区推广应用。宫淑琴等曾构建的大兴安岭地区樟子松人工林二元材积模型为 $V = 0.0000966D^{1.8146}H^{0.8276}$，张日升等（2004）曾构建辽宁地区的樟子松林的二元立木材积模型为 $V = 0.000115923D^{1.9170}H^{0.6251}$，本文得到的塞罕坝地区樟子松的二元材积为 $V = 0.00006938D^{1.763}H^{1.037}$（$R^2 = 0.997$）。由比较可以看出，三个地区樟子松的立木模型有很大差别，尤其是树高在材积的计算中的作用，塞罕坝明显高于另外两个地区，这在一定程度上反映了几个地区樟子松生长的差异。塞罕坝地区的樟子松在胸径相同的情况下，具有更大的树高，说明该地区的樟子松的生长优于另外两个地区，这在其他的研究中也已得到证实（张向忠，1995）。同时，不同地区材积模型存在较大差异也说明，在一个地区得到的材积表或材积模型，在其他地区的适用性较差，因此，各个地区应建立当地的立木材积表，而不能直接使用其他地区的材积表。

7.5 小 结

　　本文根据塞罕坝地区的实测数据建立了该地区樟子松人工林的二元及一元立木材积模型，分别为 $V = 0.00006938D^{1.763}H^{1.037}$（$R^2 = 0.997$）和 $V = 0.000123D^{2.494}$（$R^2 = 0.970$），经检验，都有较高的适用性。通过该模型建立了该地区的二元立木材积表和一元立木材积表。该地区的二元立木材积模型与大兴安岭地区及辽宁地区的樟子松立木材积模型有较大差异，从材积模型的差异可以反映出塞罕坝地区的樟子松生长优于其他两个地区。不同地区同一树种的生长形态会有很大差异，一个地区建立的材积表在其他地区的适用性较差，不同地区应建立当地的立木材积表。

第8章 塞罕坝樟子松人工林的
造林和经营技术

樟子松生态适应性极强，其树种特点耐高寒、耐干旱、耐瘠薄，即使在极为恶劣的风沙土及石质阳坡也能较好生长，是三北地区治理恶劣生态环境的主要树种。

实践经营中，造林前一年须进行人工整地，按照荒山和迹地两类立地采取人工穴状、鱼鳞坑、机犁沟等整地方式，如若穴内土壤不足，必须增加客土数量。根据立地情况选择裸根苗或容器苗，针对作业条件及土壤条件好的林地，采取高密度、裸根苗、低成本造林和集约经营模式；针对作业条件差及土壤条件次的林地，采取低密度、容器苗、高成本造林和一般经营模式。裸根苗多采用塞罕坝自创的"三锹半"缝隙栽植法，造林时间以春季最佳，适宜顶浆造林。容器苗多采用塞罕坝自创的"分步培土"容器苗栽植法，可在春、夏、秋三季造林。造林后的苗木需坚持松土、除草、幼抚、割灌、保护等幼林地抚育措施，直至郁闭成林。

处于幼龄后期的樟子松人工林，需要考虑森林的培育目标以及森林的经营理论指导思想。目前的森林经营理论指导思想包括传统人工林经营思想、近自然经营思想、结构化经营思想等方面（惠刚盈等，2020；刘文桢等，2015）。实践中，生长至幼龄期末的樟子松，首先进行人工修枝作业，及时采取修除枯枝、死枝、消耗枝等措施，并酌情清理枯死木、风折木、虫害木等植株。1~3年后，根据指导的森林经营理论思想及林分竞争状态，开始第一次人工林抚育，此后每隔数年，再次开展森林抚育或下一阶段的森林培育工作，直至最终培育目标实现。

8.1　樟子松造林技术

8.1.1　整　地

塞罕坝机械林场用于造林的林地一般有三类，一是长期无林的造林地，一般是石质荒山地，立地条件较差；二是采伐迹地；三是林冠下造林地，一般是指森林接近采伐期，林分密度较低，采伐前具有良好的森林环节，可利用这一有利环境进行某些树种的人工更新。

造林地的整地时间一般在造林前一年的秋季进行整地；在土层深厚肥沃的熟耕地和土壤湿润、杂草覆盖率不高、栽植点根系量不大的新采伐迹地也可现整现造。

整地方式以减少对原生态的破坏、保护生物多样性、不造成新的水土流失为标准，在整地过程中要本着集中连片、到边到沿、着重疏林地整地的原则，并要结合造林地立地条件、地形地势等实际条件，合理确定整地方式和行距走向。

（1）石质荒山整地

由于这类造林地立地条件较差，整地要求高于迹地造林整地。整地方式一般选择人工穴状整地，穴状整地选择大穴规格。大穴规格一般不低于60cm×60cm×40cm，可为方形或鱼鳞坑(图8-1、图8-2)，穴内必须全部破土面，下沿深度不得低于10cm，将穴内石块清除整齐垒于坑下沿，再在大

图8-1　方形坑

图8-2　鱼鳞坑

穴内整出 30cm×30cm×30cm 的小穴，小穴范围内不得有石块、全部为土（土不足埋没土球时，进行人工客土作业，保证苗木栽实）。

（2）迹地造林整地

一般采用人工穴状整地和机犁沟整地两种方式进行。迹地整地要按照设计的密度进行作业。

人工穴状整地：在整地过程中，密度、穴面规格是整地的技术关键，为确保整地质量，严格控制整地密度，实行定点整地（先人工定点后整地），穴与穴之间呈"品"字形排列（图 8-3）。333 穴/亩株行距为 1m×2m 、222 穴/亩株行距为 1.5m×2m、111 穴/亩株行距为 2m×3m、75 穴/亩株行距为 3m×3m、55 穴/亩株行距为 4m×3m。栽植穴的规格为 50cm×50cm×30cm，呈外浅内深小反坡形状，穴面深度不得低于 10cm（下沿深度），穴内暄坑深度不得低于 20cm，穴内所有树根、石块、杂草等必须清除（图 8-4）。

图 8-3　整地时需要拉线定点

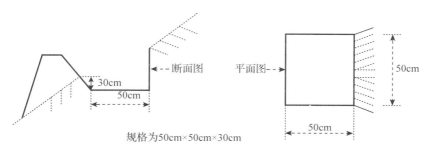

图 8-4　人工穴状整地示意图

机犁沟整地：规格为40cm×20cm（宽×深），行距为1.9m~2.1m，株距根据造林密度确定。机犁沟拉完后，对树根、枝柴进行人工清理和在断垄处进行人工处理，确保行与行之间整齐，不能出现断垄或聚堆现象，深度适宜。

林冠下整地：林冠下整地为人工穴状整地，一般要求规格为60m×60m×30cm，穴内必须全部破土面、断树根，下沿深度不得低于10cm，穴内暄坑深度不得低于20cm，穴内所有树根、石块、杂草等必须切断或清出穴外，保证苗木栽实，保留木周围1.5m范围内不得整地。

8.1.2　苗木选育

在选择优质壮苗的基础上，要做好起苗、假植、运输、贮藏等工作，确保苗木各环节的管理不出问题，为提高造林成活率做好物质准备。

选苗起苗：造林苗木要选择根系发达、木质化充分、顶芽饱满、无病虫害和机械损伤的优质壮苗。起苗时间一般在10月上旬，苗木完全停止生长、充分木质化后施工。起苗前2~3天灌透底水。起苗深度一般控制在20~25cm。

苗木临时假植：经过选苗分级后的苗木，要选择调运方便、平坦、不容易积水、利于集中管理的地段分级，进行临时假植。

苗木调运：运输苗木根据苗木种类、大小和运输距离，采取相应的包装方法。要求做到保持根部湿润不失水。运输途中防止苗木发热和风干，及时采取洒水进行降温保湿。苗木运到目的地后，立即开包造林，来不及造林时要在背风、背阴、湿润处就地假植或进入贮苗窖中进行假植，不得晾晒。

8.1.3　造　林

8.1.3.1　裸根苗造林

（1）造林时间

一般选择春季造林。具体时间以土壤解冻深度达到或超过苗木根长3~5cm为宜，一般在4月末5月初进行。

（2）造林顺序

一般先阳坡，后阴坡；先沙土，后黏土；先萌动早的树种，后萌动晚的树种；先全光下造林，后林冠下造林；造林过程中要保护好苗木嫩梢顶芽，防止折断、损伤。

（3）造林技术

① 苗木运输：苗木从苗圃中起出后用保湿透气的包装物打包并浇透水，在运输过程中，不要重压、日晒，注意保湿、防捂。

② 造林地保护：苗木运输到造林地后要保持根系湿润，就地假植，栽前装入植苗桶（注入浸过苗根的水或用保水剂蘸根后装桶）或保湿袋，提桶（袋）植苗造林。

③ 栽植前苗木处理：在栽植前，要适当修剪苗木受伤的根系、发育不正常的偏根、过长的主根和侧根。同时将苗木用浓度适宜的生根粉或保水剂浸根。根系处理时，首先将苗木按地径对齐后抖动，使用工具垂直于根系将过长的根系剪除，保留根长20cm以上（包括侧根），不能对不齐苗木地径剪根或不规则作业。

④ 栽植：使用"三锹半"缝隙植苗法。栽植时苗根要自然舒展、不窝根、苗正挤实、穴面平整。具体操作步骤为：清除穴内的干土层及杂物，漏出湿土；第一锹向内倾斜45度斜插开缝，随插锹随重复前推后拉，缝隙宽5~8cm，深度达到25cm；投苗，以锹缝侧面为基准，抖动苗木深送浅提，舒展根系，栽植深度以不埋没第一轮针叶为准，脚踩定苗；离苗5cm左右垂直下锹，先拉后推，挤实苗根，防止吊苗，挤第二锹方法基本同第一锹（锹间距以5cm为宜），最后半锹堵住锹缝，防止透风，以利于苗木的成活；平整穴面，并覆盖一层暄土以利于保墒。

⑤ 覆膜：覆膜的主要作用是促进保水，有利于提高成活率。地膜规格根据整地穴大小进行定制，一般采用大小为60cm×60cm，中间制作一个直径10cm的圆孔，厚度为0.3mm。覆膜方法：将苗木栽植后，沿苗木地径周围向外整平，清除杂草、石块等杂物，最后成"锅底形"，苗木根部在最低处，利于聚水保墒。将苗木侧枝隆起，从苗梢将地膜从圆孔套入整平，四周压实，最后将膜表层全部覆盖上2cm左右的土，防止地膜风化，延长使用时间，充分发挥使用效果。

8. 1. 3. 2 容器苗造林

（1）容器苗培育

容器规格：育苗容器的规格根据造林设计要求选择。

基质配比：一般选择疏松、肥沃、保水、通透性好、具有一定黏性的土壤配制基质。樟子松一般选用草炭土、猪羊厩肥、黄土，比例6：3：1。将配比好的基质堆沤、发酵、腐熟、粉碎、过筛、消毒后，覆盖3~5天后使用。

装苗时间：容器灌土、装苗一般在5月中旬进行。

灌装苗木选择：选择顶芽饱满、木质化良好、苗茎直立、根系发达，茎根比合理，无机械损伤和病虫危害的2年生优质苗。

灌装苗木处理：对苗木根系进行适度修剪，应用ABT生根粉技术进行浸根处理，促进须根萌发和生长。

灌装方法：先往筒内放高4cm左右已拌匀的基质，找准苗木地基径，将苗木置于筒中央用手提正，再向苗木四周填基质，随填、随挤实、随压紧。基质装至离容器口0.5~1cm处。苗木栽植深度以超过地基径1~2cm为宜。

田间管理：适时追肥、浇水和进行病虫害防治。及时薅草，保持圃地整洁。

越冬管理：10月下旬土壤封冻前，对需要越冬的苗木灌足底水。樟子松可直接进行埋土或架设防风障，并固定专人经常检查、巡护，严防鼠害及牲畜危害等现象发生，确保苗木安全越冬。

容器苗培育：将灌装好的容器苗整齐排放在苗床上，做好田间管理和越冬管理，精心培育2年。

（2）造林时间

一般选择春季造林。具体时间以土壤解冻深度达到或超过苗木根长3~5cm为宜，一般在4月末5月初进行。

（3）造林顺序

一般先阳坡，后阴坡；先沙土，后黏土；先萌动早的树种，后萌动晚的树种；先全光下造林，后林冠下造林；造林过程中要保护好苗木嫩梢顶芽，防止折断、损伤。

（4）造林技术

起苗：造林前两天，苗木必须先浇足底水，以便于水分充分渗透；起苗时间应与造林时间相衔接，做到随起、随运、随栽植，起苗时轻拿轻放，保持容器内基质完整、不松不散，严禁用手提苗茎和摔挤，造成容器破碎、散团及苗木损伤。

运输：容器苗在运输中采用专用周转箱（高度以超过苗高 1～2cm 为宜，大小以人力方便搬运而定）或在运输工具上直接搭架分层装载，具体以避免挤压、伤苗为宜。

散苗：造林地地势平缓的地块直接利用运输工具在造林地内散苗；坡度较大的地块采用人工背、挑二次散苗。散苗要注意轻拿轻放，直立放置，避免造成散团影响苗木成活。

造林地苗木管理：随散苗随栽植，禁晾晒时间过长，当天运到造林地的苗木当天栽植完毕。需在造林地过夜苗木应集中摆放、淋水、用草帘等物遮盖。

栽植方法：难降解容器在栽植前必须去掉容器，易降解容器可直接进行栽植，容器内根系盘结的要剪除盘结部分。①人工挖坑栽植：在预先整地的造林地上，采用人工用普通铁锹或镐挖（刨）穴等方式，穴的大小和高度大于容器苗的体积和高度，穴底部平整，在容器苗底部从下向上 1cm 处用刀割除（目的是割掉在容器底部盘结的根系，防止苗木窝根），然后再从侧面将容器轻轻划开（不能过深伤及苗木根系），带桶轻放于穴内，培土至容器苗 1/3 处，撤掉容器外皮后用手挤实，再分二次填土至 2/3 和填土略高于容器苗，用手挤实，整理出集水穴面。②机械挖穴栽植：在预先整好的坑穴内，垂直打穴（机械钻头应大于容器上口直径 6cm 以上），穴深度可根据容器桶的高度而定，按人工挖坑栽植方法栽植，整平穴面；栽植要求：容器苗基质面与地面相平，外围挤实，不透风，土球直立、完整、不松不散。

（5）覆膜：覆膜的主要作用是促进保水，有利于提高成活率。地膜规格根据整地穴大小进行定制，一般采用大小为 60cm×60cm，中间制作一个直径 10cm 的圆孔，厚度为 0.3mm。覆膜方法：将苗木栽植后，沿苗木地径周围向外整平，清除杂草、石块等杂物，最后成"锅底形"，苗木根部在最低处，利于聚水保墒。将苗木侧枝隆起，从苗梢将地膜从圆孔套入整平，四周压实，最后将膜表层全部覆盖上 2cm 左右的土，防止地膜风化，延长使用时间，充分发挥使用效果。

8.1.4　除草割灌

造林前三年要对造林地进行除草割灌，主要是为了提高苗木的成活率，减少灌木对资源的竞争。割灌时要坚持既要促进林木生长，不可伤、压苗，又要防止水土流失的原则，进行扩穴培土、除草、松土、透光等各项作业。

割灌时间一般自 7 月初开始，7 月下旬左右结束。割灌的方法包括带状割灌和全面割灌。带状割灌是割除苗木周围的灌草，带宽 1.2m（苗木左右各 60cm，60cm 内的所有灌木必须割除），将割掉的蒿草及灌木整齐的排放在行中间，茬高必须小于 10cm；进行全面割灌，割除造林地内的全部灌草。

8.1.5　造林地的管护

为了减少人为、环境等因素对造林地的破坏，如周边牲畜啃食践踏、采挖山货人员破坏造林地等行为，需要在新造林地周围架设围栏或建防护沟，安排护林人员（专职或兼职）进行专人专片管护。

防护沟须在地势平坦、土层深厚的地势挖设，避免在沙壤的造林地或坡度大的地块施工。沟一般深 1.2m，宽 1.2m，将挖出的土堆于造林地一侧；在不适合挖防护沟的地段，可采取架设围栏的管护措施，围栏种类有隔离网、刺线、木（水泥）桩柱等。架设围栏时要根据不同立地条件，本着因地制宜、突出重点、因害设防、规模治理的原则，合理选择架设围栏等措施，使管护成效达到最大化。

8.1.6　埋防寒土

塞罕坝地区气候寒冷，风大，特别是冬春两季，最低气温可达-40 ℃，易使苗木产生生理干旱、冻害，为了提高造林成活率和保存率，一般造林后的秋季对苗木使用防寒技术。

埋防寒土的时间一般在 10 月上中旬，需要在造林后的 1~2 年内对栽植樟子松苗木进行埋土防寒防风作业。埋土时先取一锹土垫在苗木根部作为枕土，之后再取土顺苗木垫枕土的方向轻盖在苗木上，直至将苗木盖严，如造林地有坡度，埋土方向将向坡上方向，不能使苗木倾倒向坡下方向。在第二年春季土壤解冻后、生长前，避开大风天气进行撤土，撤土时使用专用的耙子，在撤土过程中沿苗木倾倒方向依次将土撤去，并将苗木扶正。

8.2　樟子松人工林经营技术

森林经营是各种森林培育措施的总称，即从宜林地上形成森林起，到采伐更新时止，整个过程中的各种森林培育管理措施。为了保证樟子松人工林的正常生长，培育符合经营目标的森林，需要适时采取科学的森林经营措施对樟子松人工林进行经营。

8.2.1　传统森林经营技术

造林完成后几年进入到幼林成林阶段，就开始转入到森林经营阶段。在森林经营阶段中，塞罕坝地区森林经营的主要措施为修枝和抚育。抚育又包含有定株、透光抚育、生态疏伐、定向目标伐、主伐等抚育作业。对郁闭的混交、天然幼林一般需要进行及时定株、透光抚育，确定目的树种；对于人工林，主要是在人工林出现第一轮枯死枝时进行首次修枝作业，而后择机进行第一次抚育间伐作业，伐除被压木、濒死木、枯死木；此后遵循下层疏伐原则，每隔 3~5 年进行一次抚育间伐。

8.2.1.1　修　枝

在没有人为干扰的状态下，林木会自然整枝，但是为了培育干形通直、圆满、少节或无节的优良干材，改善林分的卫生状况，减少火灾和病虫害的发生，一般在森林的经营过程中会采取人工修枝。当林分充分郁闭后，林冠下部出现枯死枝时，需要开始进行修枝了。第一次修枝后又出现 2~3 轮新枝时，就需要进行第二次修枝了，修枝间隔以 2~3 年为宜。

人工修枝主要有三类，即干修、绿修和干绿结合式。塞罕坝机械林场在修枝作业时大多数选择干绿结合式，就是按照一定高度标准对其下部的干、绿枝全部清除。

修枝时间一般选择在树液停止流动或者尚未流动的晚秋或者早春，因为此时修枝不会影响林木生长，减少木材变色现象的发生。

修枝强度一般分为三种，即高强度修枝(修去树高三分之二以下的枝条)、中度修枝(修去树高二分之一以下的枝条)和弱度修枝(修去树高三分之一以下的枝条)。目前塞罕坝地区，大部分樟子松修枝主要以弱度修枝为主，还有一部分位于公路沿线的樟子松人工林，考虑到生态景观效果，采取了高强度修枝。

修枝时一般使用刀锯。选准切口位置，先锯下方，再锯上方。切口要平滑、不偏不裂、不削皮、不带皮。

8.2.1.2　抚育间伐

抚育间伐是根据林分发育、林木竞争和自然稀疏及森林培育目标，适时适量伐除部分林木，调整树种组成和林分密度，优化林分结构，改善林木生长环境条件，促进保留木生长，缩短培育周期的营林措施。

基于不用发育阶段和森林环境及状态。塞罕坝地区的樟子松人工林抚育间伐主要包括四种类型，分别为透光伐、疏伐、生长伐和卫生伐。

(1)透光伐

透光伐的目的，是伐除目的树种林木上方或侧上方严重遮阴并妨碍目的树种高生长的林木以及一些劣质林木，调整林分树种组成和空间结构，改善保留木的生长条件，促进林木高生长。透光伐主要是针对郁闭后的幼龄林，当林分中的目的树种林木受到了上层或者侧方林木的压抑，高生长受到了明显影响时，需要进行透光伐。主要伐除影响目的树种生长的遮阴林木和林内濒死、被压等无前途林木，采伐强度一般不得大于30%。采伐的剩余物带状堆放于林内或运出林外集中堆放。

(2)疏伐

当人工幼林生长到郁闭后的幼龄林后期或中龄林阶段时，林分过密，林木间从互助互利生长开始向互抑、互害竞争转变。疏伐的目的是调整林木间的竞争关系，优化目标树或保留木的生长空间。当林分进入郁闭状态，林分密度过大，已经超过本地不同立地条件的最优密度控制表时，需要进行疏伐。樟子松人工林一般在 16~18 年进行第一次的间伐。主要是伐去被压、濒死、偏冠、无冠、干形非常弯曲的林木，最终使林木达到能正常生长的合理保留株数，形成功能完备、各种效益明显的优质林分。

采伐作业完成后，要将采伐的剩余物带状堆放于林内，如果严重影响保留木生长的采伐剩余物，将采伐剩余物运出林外集中堆放，产品运至楞场，进行集中归楞。

（3）生长伐

生长伐的主要目的是为保留木保留适宜的营养空间，促进林木径向生长以便提高蓄积量生长。一般是在樟子松的中龄林阶段，林分胸径连年生长量明显下降，保留木生长明显受到影响时，需要进行生长伐。具体讲，出现下列条件之一时需要进行生长伐：

①立地条件良好、郁闭度在 0.8 以上，进行林木分类和分级后，目标树、辅助树或 I 级木、II 级木株数分布均匀的林分；

②复层林上层郁闭度在 0.7 以上，下层木的树种株树较多，且分布均匀；

③胸径连年生长量显著下降，枯死木、濒死木数量超过林木总数 15% 的林分；

④中龄林阶段，林分胸径连年生长量明显下降，目标树或者保留木生长受到明显影响时。

生长伐需依据不同立地条件的最终保留密度（终伐密度）表，进行生长伐作业设计。作业时伐除干扰树和部分辅助树，采伐的剩余物带状堆放于林内或全部清理到林外，产品运至楞场，集中归楞。

（4）卫生伐

卫生伐目的是改善林分健康状况。当林分遭受自然灾害（病虫鼠害、雨雪风灾害等），森林出现大量病死木、风折木、无冠木、断头木等无培养前途的林木时，需要进行卫生伐。采伐剩余物带状堆放于林内或清理到林外，产品运至楞场，集中归楞。

8.2.2　近自然思想理论营林技术

8.2.2.1　近自然思想理论要点

近自然林业是模仿自然、接近自然的一种森林经营模式。近自然林业的基本思想表明，人工营造森林和经营森林必须遵循与立地相适应的自然选择下的森林结构。"林分结构越接近自然就越稳定，森林就越健康、越安全"，只有保证了森林自身的安全和健康，森林才能得到持续经营，综合效益才能得到持续最大化的发挥。

　　划分林分发育阶段是近自然经营全周期作业法设计的首要条件。在抚育作业开展前，务必熟悉林分所处的发育阶段，才能准确定位林分的经营目标，正确引导林分的发展方向。

　　森林正向演替进程五个阶段划分的体系特征在于，它既不是隔绝了经营活动影响前提下，完全按照森林自然演替进程的划分，也不是完全根据人工经营控制条件下的同龄林发展阶段的划分，而是结合了森林自然演替特性和经营措施，顺势促进可能的阶段划分，充分体现了近自然森林经营"源于自然和尊重自然而又利于经营和高于自然"的设计理念优势（图 8-5）。

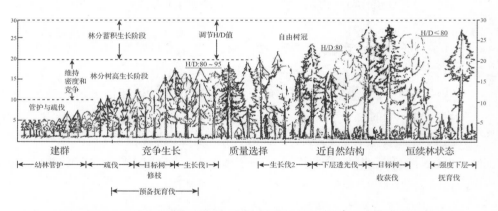

图 8-5　基于森林正向演替分析的全周期发育过程逻辑框架图（引自《森林抚育规程解读》）

　　（1）建群阶段，即人工林造林到郁闭的阶段。

　　（2）竞争生长阶段，即所有林木个体在互利互助的竞争关系下开始高生长而导致主林层高度快速增长的阶段，也是林分郁闭度最高的阶段，林下植被稀少，林分自然整枝剧烈。

　　（3）质量选择阶段，林木个体竞争关系转化为相互排斥为主，林木个体大小出现显著分化，生活力强的个体占据林冠的主林层并进入直径快速生长期。

（4）近自然森林阶段，树高差异变化表现出停止的趋势，林分表现出先锋树种和顶极群落树种交替（混交）的特征，直到部分林木达到目标直径的状态，这一阶段的林分具有多功能近自然的基本森林状态。

（5）恒续林阶段，当森林中的优势木满足成熟标准时（出现达到目标直径的林木），这个阶段就开始了，主要是由耐阴树种组成的顶级群落阶段，主林层树种结构相对稳定，达到目标直径的林木生长量开始下降，天然更新在部分林木死亡所形成的林隙下大量出现。

8.2.2.2　近自然经营理念

（1）珍惜立地潜力、尊重自然力。近自然林业是以充分尊重自然力和现有生境条件下的天然更新为前提，是顺应自然条件的人工对自然的一种促进。

（2）适地适树。根据立地条件下的原生植被分布规律，发现的潜在天然植被类型，选择或培育在现有立地条件下适宜生长的乡土树种。

（3）针阔混交、提高阔叶树比例。针阔混交有利于建立起更加稳定的植被群落，增强森林生态系统自身对病虫害、火灾等自然灾害的消化和控制能力。

（4）复层异龄经营。近自然林业在混交造林的基础上，还要求复层异龄经营，复层林的形成主要通过保护原生天然植被、错落树种混交配置和异龄经营等措施来实现，通过择伐和更新促进初级林分的异龄化，进一步增强林分的复层化。

（5）单株抚育和择伐利用。单株抚育管理和择伐利用的原则，是与复层异龄经营相一致的经营原则，是促进木材生产的可持续供给和森林可持续经营的具体措施。

在近自然经营中，最基本的经营模式是森林择伐经营和目标树培育，这种模式在保障森林近自然特性和生物多样性的情况下，通过对现实森林稳定结构的林学技术来实现森林经营的木材生产、环境保护和文化服务等效益。

8.2.2.3　目标树培育技术

目标树培育技术以体现目标树培育为核心，实现近自然经营思想的经营目标。目标树培育技术结合塞罕坝樟子松人工林经营实际，构建改造培育型的樟子松近自然林，促进樟子松恒续林建设。

　　林分调查：考虑培育目标，结合林木实际状况，定性分析森林经营效果。另结合有害生物防治调查、生物多样性调查等，综合评价作业林分的生长状况。

　　精确标定目标树：目标树是森林培育主要对象。科学确定了目标树，才能保证森林经营的针对性和连续性。所有目标树用红漆标明，要求生长健壮、优势明显、均匀分布。目标树密度应达到森林培育目标的最低株数要求。

　　目标树经营分析：进行林木分类，检查目标树、辅助木的生长、结实、材质、干形、冠型等表现，分析目标树的生长进程是否正常、既有空间是否满足培育需要，辅助木是否挤占了过多的营养空间，二者比例是否合理，如辅助木过多、目标树需要调整则采取定向目标伐等抚育活动。

　　确认一般树和干扰树：一般树是林分的必要组成，用于补充林层，增加森林郁闭度，保证林分生物多样性，促进森林复杂结构。干扰树是已经严重制约或即将影响目标树的生长和发育的树木。

　　密度控制：在确定目标树个体的基础上，为示范林分整体设计适宜的保留密度，其目的是采伐干扰树，促进目标树树冠迅速生长，逐步形成自由树冠；采伐病腐木、损伤木及过密处Ⅳ、Ⅴ等低质林木，保持林地卫生和通风透光，促进耐阴植物生长、增加生物多样性。

　　林地清理：清理林下作业剩余物，同时注意合理保留天然乔、灌木，促进形成合理的乔、灌、草立体结构。

　　干形控制：春季进行4m及以上高度的人工高位修枝，起到控制主干形状、提高材质等作用。

8.2.3　结构化思想理论营林技术

8.2.3.1　结构化思想理论要点

　　结构化森林经营的终极目标是培育健康稳定、高效优质的森林生态系统，它依据系统的结构决定系统功能的原理，以原始顶极群落结构状态为范式，通过空间结构优化导向合理的森林结构。结构决定功能，应模仿自然，积极调整结构，实现随机分布、合理布局和隔离。依据塞罕坝实际，构建符合森林终极发展目标的结构化经营技术路线，实施系统化、目标化综合经营，改善森林结构，用心培育森林生态系统，促进森林效能综合提升。结构化经营中，具体采用标准地、结构化森林经营点抽样调查法进行森林调查；采用角尺度、混交度、大小比数等林分空间结构因子描述林分状态特征，评价林分的自然度和经营迫切性；采用伐小留大、伐密留稀、多树种混交的人工林策略。

8.2.3.2　结构化经营理念

（1）遵循以原始林为楷模的原则。可将未经人为干扰或经过轻微干扰已得到恢复的天然林空间结构作为同地段其他类型林分的经营方向。

（2）遵循连续覆盖的原则。尽量减少对森林的干扰，只在林分郁闭度不小于0.7的情况下才进行经营采伐，否则应对林分进行封育和补植；达到目标直径的采用单株采伐；保持林冠的连续覆盖，相邻大径木不能同时采伐，按树高一倍的原则确定下一株最近的相邻采伐木。

（3）遵循生态有益性的原则。禁止采伐稀有或濒危树种，保护林分树种的多样性；以乡土树种为主，选用生态适宜种增加树种混交；保护并促进林分天然更新。

（4）遵循针对顶极种和主要伴生种的中大径木进行竞争调节的经营原则。经营时应以调节林分内顶极树种和主要伴生树种的中大径木的空间结构为主，保持建群树种的生长优势并减少其竞争压力，促进建群树种的健康生长。

8.2.3.3　结构化营林技术

（1）点抽样调查技术

①点抽样调查方法：在林分中从一个随机点开始，走蛇形线路，每隔一定距离（10~15m）设立一个抽样点（天然林中抽样点不少于49个，人工林中抽样点不少于20个）。选择距抽样点最近的4株林木（胸径≥5cm）作为参照树，测量最远的参照树到抽样点的距离，调查记录参照树的树种、胸径、树高、冠幅、活枝下高、健康状况等（图8-6、图8-7）。

②空间结构参数调查：分别以参照树与其最近4株林木（胸径≥5cm）组成结构单元，调查各参照树的空间结构参数（角尺度、大小比数、混交度和密集度）。

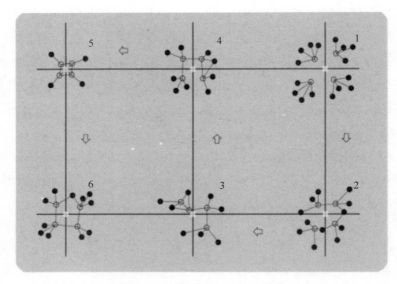

图 8-6　抽样调查点设置示意图

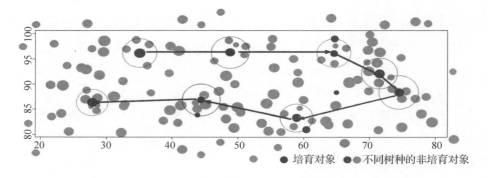

图 8-7　抽样调查线路图

（2）经营迫切性指数评价技术

林分经营迫切性指数是确定森林经营方向的依据。该指数评价共选择
11 个指标。经营迫切性指标评价标准见表 8-1。经营迫切性指数量化了林
分经营的迫切性，其值越接近 1，说明林分需要经营的迫切性越强，林分
经营迫切性划分 7 个等级，详见表 8-2。

表 8-1　林分经营迫切性指标评价标准

评价指标	直径分布	成层性	天然更新	林木分布格局	林分长势	目的树种(组)优势度	健康林木比例	树种组成	树种多样性	林分拥挤程度	目的树种密集度
取值标准	$q \in [1.2, 1.7]$	林层数 $\geqslant 2$	更新等级 $\geqslant$ 中等	是否随机	SD>0.5	$\geqslant 0.5$	$\geqslant 90\%$	组成系数 $\geqslant 3$ 项	$\geqslant 0.5$	$[0.9, 1.1]$	$\leqslant 0.5$

表 8-2　经营迫切性等级

迫切性等级	迫切性描述	迫切性指数值
0	所有因子都满足取值标准，不需要经营	0
1	有 1 个因子不符合取值标准，可以经营	0.1
2	有 2 个因子不符合取值标准，应该经营	0.2
3	有 3 个因子不符合取值标准，需要经营	0.3
4	有 4 个因子不符合取值标准，十分需要经营	0.4
5	有 5 个因子不符合取值标准，林分远离健康稳定森林的特征，特别需要经营	0.5
6	绝大多数因子都不符合取值标准，林分远离健康稳定森林的特征，必须经营	$\geqslant 0.6$

（3）林分空间结构调整技术

①以角尺度来调整林分空间分布格局：角尺度决定林地上林木的分布格局，也是判定林木在林地上是随机分布还是均匀分布的依据。

1）林木团块状分布的调整：林分调整前属于团状分布，即林分平均角尺度大于 0.517，经营时将林分中角尺度取值为 0.75 和 1 的培育对象的相邻木作为潜在的调整对象，增加林木分布的随机性（图 8-8）。

2）林木均匀分布的调整：林分的林木分布格局为均匀分布时，经营时将林分中角尺度取值为 0 和 0.25 的培育对象的相邻木作为潜在的调整对象（图 8-9）。

②以混交度来调整树种隔离程度：混交度为 0 时，即为纯林，周围的树都是同种，这种状况叫做零混交；混交度为 0.25 时，周围的树有 1 株和参照树不是同种，其他 3 株和参照树是同种，这种状况叫做弱度混交。经营时将林分中混交度取值为 0 和 0.25 的培育对象的相邻木作为潜在的调整

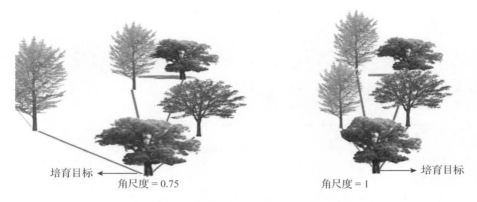

图 8-8　团状分布时需要调整的结构单元

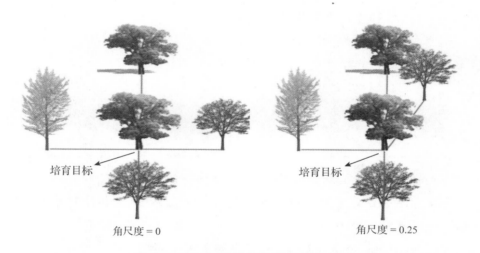

图 8-9　均匀分布时需要调整的结构单元

对象，以增加树种的多样性(图 8-10)。

　　③以大小比数调整树种竞争关系：大小比数量化了参照树与其相邻木的大小相对关系，直接应用于竞争关系的调整。大小比数为 0.75 时，说明参照数处于劣态。大小比数为 1 时，说明参照数处于绝对劣态。经营时将林分中大小比数取值为 0.75 和 1 的培育对象的相邻木作为潜在的调整对象，以增加培育对象的竞争能力(图 8-11)。

　　④以密集度调整林分密度：在空间结构单元中，用树冠的连接程度来分析林木的疏密程度，一般用密集度来判定。密集度为 0.75 时，说明周

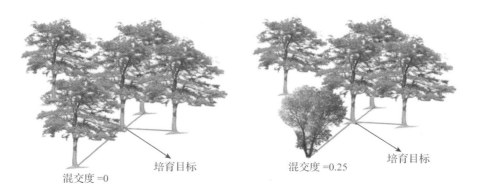

图 8-10　需要调整树种混交度的结构单元

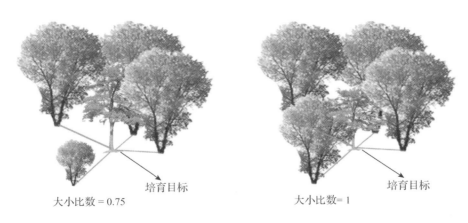

图 8-11　需要调整大小比数的结构单元

围有 3 棵树木对参照树产生挤压。结构单元这种状况称为比较密集。密集度为 1 时，说明周围 4 棵树木都对参照树产生挤压，林分空间很密集了。所以将林分中密集度取值为 0.75 和 1 的培育对象的相邻木作为潜在的调整对象(图 8-12)。

(4)实践操作要领

实际经营中可以简单地将采伐选择概括为"砍劣留优、砍多留少、砍同留异，砍大留小、砍聚调匀、砍密补稀、达到目标直径要及时采伐利用"。

①砍劣留优：在对林分的树种组成、林木健康状况进行调整时，采伐

密集度 = 0.75　　　　　　　　　密集度 = 1

图 8-12　需要调整密集度的结构单元

弯曲、病腐、虫害、断梢、损伤木和干形不良，生长势弱且没有培育价值的林木，保留干型通直圆满，生长健壮的林木。保留木和采伐木示例见图 8-13。

②砍多留少：采伐林分中占绝对优势的林木，保留稀少种、濒危种、古树。

③砍同留异：当林分的混交程度不高，树种隔离程度小于 0.5 时，就需要调整林分的树种隔离程度。在进行经营时，将保留木最近 4 株相邻木中与保留木为相同树种的林木，作为潜在的采伐对象，即砍同留异，综合考虑林木的分布格局、竞争关系。

4株相邻木与保留木为同种，均为潜在采伐木　　　2，3，4与保留木为同种，为潜在采伐木

图 8-13　需要调整树种隔离程度的结构单元

④砍大留小：调整保留木的竞争压力，最大限度地使其不受到相邻竞争木的挤压，比较指标可以是在胸径、树高或冠幅。保留木最近 4 株相邻

木中，比其大的林木作为潜在采伐对象，综合考虑林木的分布格局、树种隔离程度确定采伐木（图8-14）。

3株相邻木比保留木大，1、3、4为潜在采伐木　　　　4株相邻木比保留木大，均为潜在采伐木

图8-14　需要调整大小比数的结构单元

⑤砍聚调匀：当林分中林木的分布格局为均匀分布或团状分布时，需要调整林木的分布格局，即砍聚调匀。林木分布格局为团状分布时，将保留木与其最近的4株相邻木，组成的结构单元角尺度取值为1或0.75作为潜在的调整对象，采伐聚集分布在保留木同侧的林木，选择采伐木时综合考虑林木间的竞争关系和树种隔离程度（图8-15）。林分的林木分布格局为均匀分布时，将保留木与其最近的4株相邻木，组成的结构单元角尺度取值为0或0.25作为潜在的调整对象，采伐均匀分布在保留木周围的林木，选择采伐木时综合考虑林木间的竞争关系和树种隔离程度（图8-16）。

2、3、4为潜在采伐木　　　　1、2、3、4均为潜在采伐木

图8-15　林木聚集分布结构单元

⑥砍密补稀：在调整林分密度时，结构化森林经营采用"砍密补稀"的方法。对于人工林而言，林木拥挤程度的值小于或等于0.8时，可认为林分密度过大需要调整，做到"一面到两面受光"；大于1时则认为林分密度过稀，需要进行补植；对于天然林而言，林木拥挤程度的值在0.6～0.8之

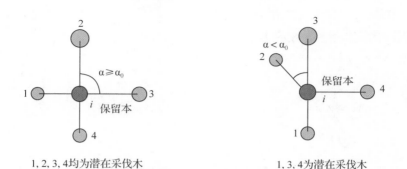

图 8-16　林木均匀分布结构单元

间时，则认为不需要调整密度；小于 0.6 则密度过大，需要通过采伐调整林分密度；大于 0.8 则密度过小，需要通过促进天然更新或补植等手段提高林分密度。补植时要求以乡土树种为主，选用生态适宜种增加树种混交。补植采用"见缝插针"的方法，即补植树木的位置应尽量选在林窗或人为造成的林隙中，通常将能促进林分水平格局向随机分布演变的位置视为最佳的位置选择。

⑦达到目标直径要及时采伐利用：在林木个体达到自然成熟时，对顶极树种、主要伴生树种的培育目标树进行及时采伐利用。对于不同的树种，不同的地区来说，由于立地条件的不同，相同的树种在不同的地区可能达到自然成熟的年龄也不同，因此，确定单株林木的自然成熟通常可以从树木的形态上来判断，或根据树种的特性及立地条件来确定。例如在东北阔叶红松林区，将顶极树种红松、沙冷杉等目标胸径确定为大于 80cm，而主要伴生树种的培育目标直径为大于 65cm。

（5）技术实施流程

作业林生态系统检视→结构化经营点抽样调查→经营迫切性指数评价分析→强化重点植物保护→关注特殊木保护→精选主体支撑系统→密集度调整→混交度调整→大小比调整→角尺度调整→有害木清理→作业剩余物清理→林地恢复处理→有害生物防控→示范林管护→经营效果监测。

8.3　小　结

经过长期实践探索，塞罕坝林区形成了一整套成熟完备的樟子松人工林经营技术体系。营建森林时，按照育苗、整地、造林、幼抚、割灌、除草、保护等技术体系进行建设。培育森林时，参考不同森林经营思想进行森林抚育：传统森林经营按照修枝、透光伐、疏伐、生长伐、卫生伐等系列流程技术进行抚育；近自然经营按照恒续林连续全覆盖发育过程采取目标树经营技术；结构化经营按照结构决定功能重点采取调整林分角尺度、混交度、大小比、密集度的精细化经营技术。

参考文献

鲍士旦，2000. 土壤农化分析[M]. 北京：中国农业出版社.

陈昌雄，许可明，1999. 福建杉木中心产区实生林标准收获表的编制研究[J]. 华东森林经理，13(3)：35-38.

陈信旺，2006. 福建柏人工林标准收获表的研究[J]. 林业勘察设计(1)：30-34.

陈瑶，2010. 帽儿山樟子松森林经济成熟的确定[D]. 哈尔滨：东北林业大学.

陈瑶，朱万才，2010. 樟子松人工林胸径生长规律的研究[J]. 林业科技情报，42(2)：26-27.

楚聪颖，2015. 塞罕坝地区樟子松人工林生长规律及其土壤养分[D]. 保定：河北农业大学.

刁淑清，沈海龙，潘建中，等，2005. 樟子松人工幼林密度与个体生长指标的关系[J]. 东北林业大学学报，33(6)：4-7.

段爱国，张建国，童书振，2003. 6种生长方程在杉木人工林林分直径结构上的应用[J]. 林业科学研究，16(4)：423-429.

樊晓英，廖超英，谢燕，等，2008. 毛乌素沙地东南部樟子松生长状况调查分析[J]. 西北林学院学报，23(4)：112-116.

格日勒，斯琴毕力格，金荣，2004. 毛乌素沙地引种樟子松生长特性的研究[J]. 干旱区资源与环境，18(5)：159-162.

耿丽君，许中旗，张兴锐，2010. 燕山北部山地华北落叶松人工林生物碳贮量[J]. 东北林业大学学报，38(6)：43-46.

宫淑琴，刘东兰，2002. 大兴安岭地区樟子松人工林材积表的编制[J]. 林业资源管理(5)：31-32.

国家林业局，2005. 森林采伐作业规程：LY/T 1646—2005[S]. 北京：中国标准出版社.

国家林业局造林绿化管理司，中国林业科学研究院资源信息所，2016．森林抚育规程解读[M]．北京：中国林业出版社．

郭孝玉，2013．长白落叶松人工林树冠结构及生长模型研究[D]．北京：北京林业大学．

郭永堂，1994．阿勒泰地区引种樟子松生长情况的调查[J]．防护林科技，20(3)：52-53．

韩广，张桂芳，杨文斌，1999．影响沙地樟子松天然更新的主要生态气候因子的定量分析[J]．林业科学，35(5)：22-27．

韩有志，铁梅，王月娥，等，1998．太行山林区中部土壤养分对油松人工林生长的影响[J]．山西农业大学学报，18(1)：10-13．

韩照日格图，白静，田有亮，等，2007．大青山区油松人工林密度对林木生长影响的研究[J]．内蒙古农业大学学报，28(4)：67-70．

何吉成，王丽丽，邵雪梅，2005．漠河樟子松树轮指数与标准化植被指数的关系研究[J]．第四季研究，25(2)：252-256．

胡海清，罗碧珍，魏书精，等，2015．大兴安岭5种典型林型森林生物碳储量研究[J]．生态学报，35(17)：1-17．

胡海清，罗碧珍，魏书精，等，2015．小兴安岭7种典型林型林分生物量碳密度与固碳能力[J]．植物生态学报，39(2)：40-158．

黄金祥，李信，钱进源，1996．塞罕坝植物志[M]．北京：中国科学技术出版社．

惠刚盈，赵中华，2020．结构化森林经营理论与实践[M]．北京：科学出版社．

贾炜玮，于爱民，2008．樟子松人工林单木生物量模型研究[J]．林业科技情报，40(2)：1-2．

姜凤岐，曾德慧，范志平，等，1996．沙地樟子松林草木生长的研究[J]．应用生态学报，7(sup.)：1-5．

蒋德明，曹成有，押田敏雄，2008．科尔沁沙地小叶锦鸡儿人工林防风固沙及改良土壤效应研究[J]．干旱区研究，25(4)：653-658．

蒋丽秀，温小荣，陈玉体，等，2014．森林资源二类调查数据的经验收获表编制及应用[J]．森林工程，30(1)：1-4．

焦树仁，2001．辽宁省章古台樟子松固沙林提早衰弱的原因与防治措施[J]．林业科学，37(2)：131-138．

焦树仁，曹文生，高树军，等，2001．敖汉旗沙地樟子松造林试验[J]．辽宁林业科技(6)：1-2．

焦树仁，曹文生，高树军，等，2002．内蒙古赤峰市敖汉旗沙地引种樟子松造林研究[J]．内蒙古农业大学学报，23(1)：70-73．

焦树仁，邢兆凯，2004．论章古台樟子松沙地造林模式[J]．辽宁林业科技(2)：1-4．

亢新刚，崔相慧，王虹，2001．冀北次生林3个树种林分生长过程表的编制[J]．北京林业大学学报，23(5)：39-42．

黎承湘，白鸥，1991．樟子松人工林生长量预测分析[J]．辽宁林业科技(1)：26-28．

李宝银，2005．天然阔叶林标准收获表的研究[J]．福建林学院学报，25(4)：323-326．

李希菲，唐守正，王松林，1988．大岗山实验局杉木人工林可变密度收获表的编制[J]．林业科学研究，1(4)：382-389．

李晓莎，楚聪颖，许中旗，等，2016．塞罕坝地区樟子松林生物量研究[J]．河北林果研究，31(3)：226-230．

李晓莎，许晴，许中旗，等，2016．冀北山地华北落叶松人工林土壤养分的变化规律[J]．西北林学院学报，31(5)：23-28．

励龙昌，郝文康，1991．兴安落叶松天然林可变密度收获表编制法的研究[J]．浙江林学院学报，8(4)：439-443．

林文树，穆丹，王丽平，等，2016．针阔混交林不同演替阶段表层土壤理化性质与优势林木生长的相关性[J]．林业科学，52(5)：17-25．

刘文桢，赵中华，胡艳波，2015．小陇山栎类混交林经营[M]．北京：中国林业出版社．

刘金福，江希钿，洪伟，1999．福建马尾松人工林可变密度收获表的编制[J]．吉林林学院学报，14(4)：205-209．

刘明国，苏芳莉，马殿荣，等，2002．多年生樟子松人工纯林生长衰退及地力衰退原因分析[J]．沈阳农业大学学报，33(4)：274-277．

刘世增，满多清，严子柱，等，2003．干旱荒漠区樟子松幼苗生长规律及管理技术[J]．甘肃农业大学学报(3)：315-319．

刘素真，孙玉军，2015．土壤养分与杉木生长的相关性研究[J]．西北林学院学报，30(5)：15-19．

刘晓兰，2004．塞罕坝地区樟子松人工林生长规律及经济效益分析[J]．安徽农学通报，20(01-02)：118-121．

刘艳艳，2005．樟子松人工林树冠结构的研究[D]．哈尔滨：东北林业大学．

刘增文，段而军，刘卓玛姐，等，2009．黄土高原半干旱丘陵区不同树种纯林土壤性质极化研究[J]．土壤学报，46(6)：1110-1120．

刘兆刚，刘继明，李凤日，等，2005．樟子松人工林树冠结构的分形分析[J]．植物研究，25(4)：465-470．

陆小明，2007．樟子松树轮宽度年表及其干湿指示意义研究[D]．南京：南京师范大学．

吕勇，曾思齐，邓湘文，等，1996．马尾松林分生物量的研究[J]．中南林学院学报，16(4)：28-31．

罗玲，2008．榆林沙区不同立地条件下樟子松人工林生长规律的研究[D]．杨凌：西北农林科技大学．

罗玲，廖超英，2008．榆林沙区不同立地条件下樟子松林木个体生长的模型拟合[J]．林业资源管理(1)：49-51．

罗献宝，张颖清，徐浩，等，2011．温带阔叶红松林中不同树种和倒木对土壤性质的影响[J]．生态环境学报，20(12)：1841-1845．

罗云建，张小全，王效科，等，2009．华北落叶松人工林生物量及其分配模式[J]．北京林业大学学报，31(1)：13-18．

马世英，刘自忠，郑建旭，2000．小五台山自然保护区樟子松引种造林效果[J]．河北林业科技(5)：8-9．

孟鹏，2013．章古台沙地37年生赤松和樟子松生长特性研究[J]．辽宁林业科技(5)：20-23．

孟宪宇，1996．测树学[M]．北京：中国林业出版社．

欧光龙，肖义发，王俊峰，等，2014．思茅松天然林树冠结构模型[J]．

生态学报，34(7)：1663-1671.

邱贵福，2012. 张家口坝缘山地樟子松适生立地初步研究[J]. 内蒙古林业科技，38(1)：8-13.

全国土壤普查办公室，1992. 中国土壤普查技术[M]. 北京：农业出版社.

萨其日，2013. 不同地区樟子松生长特性研究[J]. 锡林郭勒职业学院学报，25(1)：119-124.

邵雪梅，范金梅，1999. 树轮宽资料所指示的川西过去气候变化[J]. 第四季研究(1)：81-88.

沈海龙，李世文，胡详一，等，1995. 东北东部山地樟子松生长与气候因子的相关分析[J]. 东北林业大学学报，23(3)：33-39.

宋鸽，张日升，孙海红，等，2013. 3种经营措施对沙地樟子松人工林林下植被的影响[J]. 辽宁林业科技(5)：16-19.

苏红军，赵锋，李洪光，2005. 沙地樟子松生长规律的研究[J]. 防护林科技，68(5)：12-13.

孙洪刚，张建国，段爱国，2014. 杉木人工林自然整枝进程研究[J]. 林业科学研究，27(5)：626-630.

孙圆，程小义，佘光辉，2006. 江苏省南方型黑杨立地指数表的编制[J]. 南京林业大学学报(自然科学版)，30(1)：29-32.

王超群，2013. 人工林立地质量评价系统的研建[D]. 北京：北京林业大学.

王海东，2015. 修枝强度对樟子松生长的影响[J]. 甘肃农业科技(8)：35-36.

王琳琳，陈立新，刘振花，等，2008. 红松阔叶混交林不同演替阶段土壤肥力与林木生长的关系[J]. 中国水土保持科学，6(4)：59-65.

王宁，王百田，王瑞君，等，2013. 晋西山杨和油松生物量分配格局及异速生长模型研究[J]. 水土保持通报，33(2)：52-55.

王沛，孙伟平，王晓娜，1995. 黑龙江省"三北"防护林地区樟子松的土壤条件[J]. 林业科技，20(2)：14-15.

王晓春，宋来萍，张远东，2011. 大兴安岭北部樟子松树木生长与气候因子的关系[J]. 植物生态学报, 35 (3)：294-302.

王志明, 刘国荣, 王永民, 1997. 吉林省樟子松人工林大面积枯黄现象的调查[J]. 吉林林业科技, 128(3)：40-41.

翁国庆, 1989. 正常收获表的研制[J]. 东北林业大学学报, 1989, 17 (2)：34-40.

肖锐, 2006. 樟子松人工林树木构筑型的研究[D]. 哈尔滨：东北林业大学.

许中旗, 黄选瑞, 徐成立, 等, 2009. 光照条件对蒙古栎幼苗生长及形态特征的影响[J]. 生态学报, 29 (3)：1121-1128.

薛佳梦, 柴一新, 祝宁, 等, 2013. 哈尔滨城市人工林主要树种生长特征比较 [J]. 东北林业大学学报, 41(7)：15-18.

杨美灵, 2008. 蛮汉山樟子松、油松人工林生长规律及对环境响应研究 [D]. 呼和浩特：内蒙古农业大学.

杨运来, 刘凤玉, 吴金平, 1997. 朝阳北部风沙区樟子松人工林生长的调查研究[J]. 辽宁林业科技(6)：29-32.

袁立敏, 闫德仁, 王熠青, 等, 2011. 沙地樟子松人工林碳储量研究[J]. 内蒙古林业科技, 37(1)：9-13.

苑增武, 丁先山, 李成烈, 等, 2000. 樟子松人工林生物生产力与密度的关系[J]. 东北林业大学学报, 28(1)：21-24.

张芳芳, 张丽萍, 王文艳, 等, 2012. 水蚀风蚀交错区土壤养分特征与土壤质地及水分关系[J]. 水土保持学报, 26(2)：99-104.

张继义, 赵哈林, 崔建垣, 等, 2005. 科尔沁沙地樟子松人工林土壤水分动态的研究[J]. 林业科学, 41(3)：1-6.

张锦春, 赵明, 唐进年, 等, 2000. 建立樟子松农田防护林可行性分析 [J]. 甘肃林业科技, 25(1)：24-27.

张日升, 于洪军, 王国晨, 等, 2004. 辽宁樟子松人工林二元材积表的编制[J]. 辽宁林业科技(6)：22-24.

张向忠, 1995. 樟子松二元材积模型的研究[J]. 河北林学院学报, 10 (4)：335-337.

张振军, 2014. 郁闭樟子松林抚育间伐的综合效应分析[J]. 防护林科技

（10）：73-74.

张忠，姬康，申世永，2012. 榆林市榆阳区樟子松地径、胸径、树高的调查[J]. 内蒙古林业科技，38(2)：55-56.

赵塔娜，2007. 内蒙古山地樟子松人工林林分结构及生长规律的研究[D]. 呼和浩特：内蒙古农业大学.

赵文智，刘志民，常学礼，2002. 降水量下限引种区沙地樟子松幼林种群树高分布偏斜度和不整齐性[J]. 应用生态学报，13(1)：6-10.

赵亚民，1993. 塞罕坝林场主要树种一元立木地径材积表的编制[J]. 河北林学院学报，8(3)：223-228.

郑小贤，1997. 信州落叶松人工林生长模型及其系统收获表的研究[J]. 林业科学，33(1)：42-50.

周晓峰，王义弘，赵惠勋，1981. 几个主要用材树种的生长节律（一）[J]. 东北林业大学学报(2)：49-60.

朱万才，魏胜利，2015. 大兴安岭樟子松人工幼龄林生长规律研究[J]. 安徽农业科学，43(20)：218-220.

Jing Yun Fang, G Geoff Wang, Guo Hua Liu, et al., 1998. Forest Biomass of China：An Estimate Based on the Biomass-Volume Relationship[J]. Ecological Applications，8(4)：1084-1091.

Michelle A Pinard, Francis E Putz, 1996. Retaining Forest Biomass by Reducing Logging Damage[J]. Biotropica，28(3)：278-295.

彩图 1　塞罕坝的樟子松人工林

彩图 2　塞罕坝的樟子松人工林

彩图 3　大唤起分场的樟子松人工林（小地名：大梨树沟；海拔：1430m；土层厚度：50cm；坡度：15°；坡向：北偏西 25°；林龄：40 年；每亩株数：23 株；平均胸径：28.3cm）

彩图 4　大唤起分场的樟子松人工林（小地名：大梨树沟；海拔：1451m；土层厚度：55cm；坡度：3°；坡向：北偏西 25°；林龄：40 年；每亩株数：28 株；平均胸径：26.1cm）

彩图 5　千层板分场的樟子松人工林（小地名：摇把子；海拔：1537.7m；土层厚度：60m；坡度：3°；坡向：北偏东 12°；林龄：40 年；每亩株数：30 株；平均胸径：27.7cm）

彩图 6　千层板分场的樟子松人工林（小地名：头道沟；海拔：1726m；土层厚度：45cm；坡度：24°；坡向：北偏东 45°；林龄：32 年；每亩株数：116 株；平均胸径：14.7cm）

彩图 7　三道河口分场的樟子松人工林（小地名：二道河口；海拔：1510m；土层厚度：60cm；坡度：0°；林龄：38 年；每亩株数：55 株；平均胸径：18.5cm）

彩图 8　三道河口分场的樟子松人工林（小地名：四道河口；海拔：1525m；土层厚度：65m；坡度：3°；坡向：北偏东 94°；林龄：16 年；每亩株数：154 株；平均胸径：8.4cm）